Raus aus der BI-Falle
Wie Business Intelligence zum Erfolg wird

Ronald Bachmann, Dr. Guido Kemper

Raus aus der BI-Falle

Wie Business Intelligence zum Erfolg wird

mitp

Bibliografische Information der Deutschen Nationalbibliothek
Die Deutsche Nationalbibliothek verzeichnet diese Publikation in der
Deutschen Nationalbibliografie; detaillierte bibliografische
Daten sind im Internet über <http://dnb.d-nb.de> abrufbar.

Bei der Herstellung des Werkes haben wir uns zukunftsbewusst für
umweltverträgliche und wiederverwertbare Materialien entschieden.
Der Inhalt ist auf elementar chlorfreiem Papier gedruckt.

ISBN 978-3-8266-9106-5
2. Auflage 2011

E-Mail: kundenbetreuung@hjr-verlag.de

Telefon: +49 89/2183-7928
Telefax: +49 89/2183-7620

www.mitp.de

© 2011 mitp, eine Marke der Verlagsgruppe Hüthig Jehle Rehm GmbH
Heidelberg, München, Landsberg, Frechen, Hamburg

Lektorat: Ernst-Heinrich Pröfener
Satz: III-satz, Husby, www.drei-satz.de
Druck: Beltz Druckpartner GmbH und Co. KG, Hemsbach

Inhaltsverzeichnis

Die Autoren

Ronald Bachmann arbeitete nach einer kaufmännischen Ausbildung zunächst im Vertrieb von Business-Software für den Mittelstand. Später wechselte er als Leiter Vertrieb zu einem Hersteller in der Gesundheitsbranche, wo er unter anderem für die Einführung von IT-gestütztem Vertriebscontrolling verantwortlich war. Es folgte eine mehrjährige Tätigkeit bei einem der größten europäischen ICT-Dienstleister als zertifizierter Projektleiter in den Bereichen Data Warehouse und Business Intelligence. Dort war er als Program Manager an der Konsolidierung der Corporate Data Warehouse-Architektur beteiligt. Ronald Bachmann arbeitet heute bei der proMetis Consulting GmbH als Berater im Bereich Data Warehouse, Business Intelligence und Corporate Performance Management.

Dr. Guido Kemper hat nach dem Studium der Mathematik und Physik zunächst die wissenschaftliche Laufbahn eingeschlagen und im Rahmen einer Promotion in Kernphysik erste intensivere Erfahrungen mit Datenbanken und der Verarbeitung und Interpretation großer Datenmengen gesammelt. Im Folgenden nahm er eine Assistenzprofessur am Lehrstuhl Wirtschaftsinformatik der Rheinischen Fachhochschule Köln an mit den Schwerpunkten Mathematik, Statistik und Reporting. Später wechselte er als Berater mit dem Schwerpunkt Business Intelligence zu einer führenden Management- und Technologieberatung. Es folgte eine mehrjährige Tätigkeit als Berater in diversen Großprojekten, in welchen er umfangreiche Erfahrung im Bereich Business Intelligence sammelte. Unter anderem verantwortete er die

BI-Einführung innerhalb des Aufbauprojektes von Toll-Collect. Als Mitgründer der heutigen proMetis Consulting GmbH ist er Gesellschafter und Geschäftsführer der Management- und Technologieberatung mit Schwerpunkt Business Intelligence mit dem Ziel der Verbesserung des Dialoges zwischen Management und Technologie.

Vorwort

Wer heute noch glaubt, er könne wirtschaftliche Unternehmensziele primär durch den Einsatz von IT-Systemen erreichen, dem ist nicht mehr zu helfen. Wer denkt, bei Business Intelligence handele es sich um »intelligente« Software, die »selbstständig« Probleme löst, der ist gänzlich verloren.

Diese zugegebenermaßen etwas pointierten Aussagen zweier Autoren, die über die automatisierte, systematische Analyse von Unternehmensdaten schreiben, mögen zunächst überraschen, sind aber aufgrund der Erfahrungen der letzten Jahre folgerichtig.

Ganz allgemein gesprochen scheitern viele Versuche, allein mithilfe von Technologie Probleme zu lösen. Viel zu oft wird die Verbesserung einer Situation schon vom bloßen Einsatz neuer Technik erwartet und der Bezug zur abzubildenden Realität vernachlässigt. Diese Erwartung ist in den meisten Fällen aber zu hoch. Sie basiert auf einer tradierten Technikgläubigkeit, die ihre Ursprünge in den Erfahrungen der wirtschaftlichen Wachstumsraten und einer stetig verbesserten Lebensqualität als Folge der Basisinnovationen des 19. und 20. Jahrhunderts hat (vgl. Kemper, Mehanna, Unger, 2006, S. 1).

In der Informationstechnologie wie auch in anderen Branchen ist jedoch keine grundlegende Innovation in Sicht, deren bloße Verwertung bestehende Erfolgshemmnisse beseitigen oder gar neue Potenziale erschließen könnte. Wir müssen technologisch also zunächst mit dem auskommen, was wir haben. Anstatt auf Erfolg durch den Einsatz neuer Technologien zu hoffen, muss nun zunächst die Verschmelzung der ausreichend vorhandenen technischen Kompetenzen

mit den betriebswirtschaftlichen und sozialen Kompetenzen sichergestellt werden – eine inzwischen weit verbreitete Forderung:

> Business und IT müssen nun endlich zusammenwachsen!

Im Bereich Data Warehousing und Business Intelligence sind die
technologischen Voraussetzungen für diesen wichtigen Schritt allerdings so gut wie nie zuvor: State-of-the-Art-Technology hat einen Reifegrad erreicht, der ein durchgängiges IT-gestütztes Management der
Geschäftsleistung (Corporate Performance Management, CPM) über
alle Bereiche eines Unternehmens möglich macht – und das kann die
Steuerungsfähigkeit eines Unternehmens durchaus in hohem Maße
positiv beeinflussen.

> Business Intelligence und Corporate Performance Management
> können heute wesentlich dazu beitragen, ein Unternehmen effizi-
> ent, flexibel und vorausschauend zu steuern.

Die Potenziale der Technologie erschließen sich aber nicht automatisch. Viele Topmanager, die die Leistungsfähigkeit solcher Systeme
kennen, fragen sich, warum ihre IT-Abteilungen keine entsprechenden Mehrwerte erzeugen können.

Das hat im Wesentlichen eine Ursache: IT-Verantwortliche befinden
sich heute in einem historisch gewachsenen Spannungsfeld, das
durch unterschiedlichste Zielkonflikte geprägt ist. Sie befinden sich
geradezu in einer Falle aus in sich widersprüchlichen Anforderungen
– der *BI-Falle*. Dabei sieht sich die IT der zentralen Herausforderung
gegenüber, trotz der Versäumnisse in der Vergangenheit und noch
nicht abgeschlossener Konsolidierungsmaßnahmen heute schon die
Mehrwerte zu liefern, die eigentlich erst morgen erzeugt werden können, und dabei genau die Anforderungen von Management und Fachbereichen zu treffen, ohne von diesen wirklich unterstützt zu werden.
Bei dem Versuch, dieser Herausforderung nahezu ausschließlich
durch den verstärkten Einsatz von Technologie zu begegnen, begibt

man sich nur noch tiefer in die *BI-Falle*. Aus dieser Falle kann sich die IT nur durch die Integration in übergreifende unternehmerische Konzepte und eine permanente Kooperation mit Topmanagement und Fachbereichen befreien.

Die sehr anspruchsvolle Aufgabe, Geschäfte »intelligent« voranzutreiben, kann nur durch Business *und* IT gelöst werden. IT-Abteilungen alleine können durch eine rein technische Sichtweise die schlummernden Potenziale im Unternehmen nicht heben. Auch nach einer systemseitig einwandfreien Optimierung (und etwas anderes darf von der reinen IT nicht erwartet werden) gilt: »Garbage in, garbage out« – oder auf Deutsch: »Mist rein – Mist raus«.

Die Optimierung von Analysesystemen muss mit dem Ziel optimaler Datenqualität immer von der Verbesserung der Geschäftsprozesse und des Inputs in die operativen IT-Systeme begleitet sein. Im Idealfall gehen die Optimierung der operativen Prozesse und Systeme sowie der Stammdaten einer Business Intelligence-Initiative voraus.

Ziel von Business Intelligence muss unter anderem die Herstellung des geschlossenen Kreislaufs (*Closed Loop*) sein, innerhalb dessen BI auch Optimierungspotenziale an die vorgelagerten Prozesse und Systeme zurückmeldet. Diese liefern dann qualitativ hochwertigere *Rohinformationen* in die Analysesysteme, wodurch die Qualität der Berichte steigt und die Zielgenauigkeit abgeleiteter Maßnahmen stetig zunimmt. In der Folge können Analyseergebnisse der Business Intelligence in die operative Wertschöpfungskette zurückgespielt werden, um operative Business Benefits zu erzeugen. Wer diesen Kreislauf in Gang setzt, hat eine echte Chance, die Potenziale der Technologie für das Business zu heben. Wer hier den Anschluss verpasst, verzichtet auf eventuell entscheidende Wettbewerbsvorteile.

In Zeiten schnellen Wachstums und ständiger Reorganisationen wurden in den letzten Jahren diese »Hausaufgaben« in vielen Unternehmen nicht gemacht. Prozesse, Organisationen, aber auch so etwas wie Unternehmenskultur konnten sich qualitativ nicht in angemessenem Verhältnis zur quantitativen Entwicklung der Unternehmen ausprägen. Sie haben aber entscheidenden Einfluss auf die Datenqualität im

Reporting und damit auf die Steuerungsfähigkeit des gesamten Unternehmens.

Dieses qualitative Wachstum ist heute eine zentrale unternehmerische Herausforderung, die auf der Ebene des Topmanagements priorisiert und an alle Bereiche der Organisation adressiert werden muss. Erst auf Basis einer eindeutigen IT-Governance entfaltet Business Intelligence ihre positive Wirkung auf die Handlungsfähigkeit eines Unternehmens. Wer diese Managementvorgaben nicht spätestens parallel mit der Einführung von Business Intelligence verbindlich kommunizieren will, läuft Gefahr, durch eine einseitige Ausrichtung auf technische Aspekte eine Fehlinvestition zu tätigen.

Die Erfahrungen der letzten Jahre zeigen allerdings, dass die Einführung und Verwendung von Technologie oftmals dafür missbraucht wird, Schwachstellen zu kaschieren, anstatt Erfolgshemmnissen wirklich auf den Grund zu gehen. Reporting-Systeme werden mit einer Vielzahl von Umgehungslösungen (»Workarounds«) überfrachtet und immer unüberschaubarer. Dabei werden Data Warehouses (deutsch: Datenlager, Abk.: DWH) und BI-Know-how zunehmend bei einzelnen Personen monopolisiert, Systeme immer unflexibler und die Kosten für Wartung und Upgrades unkalkulierbar.

Sehr viel schwerwiegender für das eigentliche Geschäft ist in diesem Szenario aber die Konsequenz, dass immer weniger Anwender in der Lage sind, derart komplexe Systeme zu bedienen und die in vielen Fällen widersprüchlichen Berichte zu interpretieren. Der Nutzen eines solchen Systems für ein Unternehmen geht gegen (Business) »Sinnfreiheit« – also so ziemlich das Gegenteil von (Business) »Intelligence«. Spätestens an diesem Punkt hat ein derartiges BI-Konglomerat seine »kritische Masse« erreicht und muss im schlechtesten Fall mit immensem Aufwand neu aufgesetzt werden.

Der fachlichen, organisatorischen und prozessualen Vielfalt eines Unternehmens darf nicht reflexartig mit technologischer Komplexität begegnet werden. Technologie muss vielmehr einen Beitrag zur Vereinfachung leisten. Wir sollten uns der Erkenntnis öffnen, dass die Schwachstellen in Unternehmen, die zu hoher Komplexität und steigenden Kosten bei geringem Nutzen der IT-Systeme führen, sich nicht durch einen weiteren »Workaround« zur Abbildung und Interpretation von quantitativen Größen beseitigen lassen. Wir müssen vielmehr erkennen, dass identifizierte Schwachstellen das am schnellsten und einfachsten – weil von Dritten unbeeinflusst – zu hebende Potenzial eines Unternehmens sind. Werden die Schwachstellen dagegen kaschiert oder ihre Existenz ignoriert, liegt dieses Potenzial brach. In der Folge wird weiterhin Geld im Unternehmen »verbrannt«, indem an irrelevanten Stellschrauben gedreht wird.

Darüber hinaus kann ein modular orientiertes Vorgehensmodell wesentlich dazu beitragen, der Komplexität zu begegnen. Analog zum bewährten »Think big, start small!«-Ansatz kann die Entwicklung eines modularen Konzeptes Komplexität verringern und damit zu mehr Transparenz beitragen. Der zunehmende Anspruch an IT-Verantwortliche, flexibel zu reagieren und schnell neue IT-Prozesse aufzubauen, kann schnell eine explosionsartige Steigerung von systemischer und prozessualer Komplexität zur Folge haben. Hier leisten serviceorientierte Architekturen (SOA) als modulares Konzept einen wertvollen Beitrag, indem sie ein hohes Maß an Flexibilität im Einklang mit den geschäftlichen Anforderungen zulassen.

Entscheidungen werden von Menschen getroffen. Selbst die leistungsfähigsten IT-Systeme können nur zwei Dinge besser als der Mensch: Rechnen und Speichern. Jede inhaltliche Bewertung – und weit vorher die Fragestellung: Was soll überhaupt berechnet und gespeichert werden und warum? – wird von Menschen vorgenommen. Also sind IT-Systeme nur ein Handwerkszeug, das Menschen unterstützen kann.

Dabei liegt die Betonung auf *kann*. Denn wenn die Anforderungen an die Systeme nicht von der strategischen Grundausrichtung eines Unternehmens auf Managementebene und deren Kaskadierung in die Organisation getrieben werden, können die Systeme auch keinen Mehrwert zur Erreichung dieser Ziele liefern.

Im Mittelpunkt des Designs von IT muss daher der Mensch mit seinem rollenabhängigen Informations- und Entscheidungsbedarf innerhalb strategiebasierter unternehmerischer Prozesse stehen. Nur so kann später an jeder Stelle im Unternehmen der dort benötigte Nutzen und in der Folge eine Steigerung der Produktivität des gesamten Unternehmens erzeugt werden.

Aus diesem Grund betrachten wir beim Thema Business Intelligence Menschen in Prozessen, die bei ihren Entscheidungen durch optimierte IT-Systeme unterstützt werden. Die IT-Systeme selbst sind aus diesem Blickwinkel betrachtet Bestandteile eines auf permanenten Wandel ausgerichteten, lebendigen Organismus. Dieser Organismus braucht heute zur Ausschöpfung seiner Potenziale mehr denn je den Dialog zwischen Management und Technologie.

Ronald Bachmann
Dr. Guido Kemper

Kapitel 1

Einleitung

Dieses Kapitel behandelt folgende Inhalte:

- Was ist mit Business Intelligence gemeint?
- Motivation von Unternehmen zum Aufbau von BI
- Stellenwert von BI im unternehmerischen Kontext
- Zusammenspiel von Business Intelligence & Business Intuition
- Allgemeine Erkenntnisse über das Scheitern von BI-Projekten
- Business Intelligence braucht ein Idee

1.1   Was ist Business Intelligence (BI)?

Auszug aus Wikipedia:

> *Der Begriff Business Intelligence (engl. etwa Geschäftsanalytik, Abk. BI) wurde Anfang bis Mitte der 1990er Jahre populär und bezeichnet Verfahren und Prozesse zur systematischen Analyse (Sammlung, Auswertung und Darstellung) von Daten in elektronischer Form. Ziel ist die Gewinnung von Erkenntnissen, die in Hinsicht auf die Unternehmensziele bessere operative oder strategische Entscheidungen ermöglichen.*

> Aus: Kemper, Mehanna, Unger 2006:
> *Business Intelligence – Grundlagen und*
> *praktische Anwendungen:*

> *Unter Business Intelligence wird ein integrierter, unternehmensspezifischer, IT-basierter Gesamtansatz zur betrieblichen Entscheidungsunterstützung verstanden.*

Der Begriff »Intelligence« sollte im Deutschen als »Information« verstanden werden. So wie der amerikanische Geheimdienst CIA (Central *Intelligence* Agency) für die Beschaffung und Bereitstellung von Informationen zuständig ist und nicht eine Art »Zentrale Intelligenzagentur« darstellt, so geht es bei »Business Intelligence« um »Business-*Information*« und nicht um die Schaffung einer Art künstlicher, unternehmerischer Intelligenz, die in IT-Systeme »implementiert« werden könnte.

Intelligenz, Kreativität und Intuition sind menschliche Eigenschaften, deren Nutzung auch im Falle unternehmerischer Entscheidungsfindungen immer dem Menschen vorbehalten bleiben wird und nicht durch Maschinen ersetzt werden kann (vgl. Abschnitt 1.3).

1.2 Motive zur Einführung von Business Intelligence

Operatives Tagesgeschäft sowie mittel- und langfristige Aktivitäten von Unternehmen müssen in immer kürzeren Abständen an oft völlig neue Anforderungen angepasst werden. Das betrifft in vielen Fällen komplette Prozessketten sowie alle Fachabteilungen und Querschnittsbereiche und stellt hohe Ansprüche an die Anpassungsfähigkeit der verwendeten Informationstechnologien, da in der Regel alle betroffenen Unternehmensteile mit komplexen, vernetzten IT-Systemen arbeiten.

Die Flexibilität insbesondere gegenüber schnell wechselnden Marktsituationen ist in vielen Unternehmen zu einer existenziellen Notwendigkeit geworden. Während Branchen wie z.B. die Informationstechnologie in den 90er Jahren des zwanzigsten bis hinein in die erste Dekade dieses Jahrhunderts von Wachstumseuphorie geprägt waren, befinden sich viele Märkte gegenwärtig in einer Phase der Marktbereinigung mit Verdrängungswettbewerb. Angesichts aktueller Entwicklungen an den weltweiten Finanzmärkten und deren Auswirkungen auf die Realwirtschaft dürfte sich an dieser Ausgangslage in absehbarer Zeit substanziell wenig ändern.

Business Intelligence und Corporate Performance Management (CPM) – also die aktive, vorausschauende Unternehmenssteuerung – rücken infolgedessen immer mehr in den Fokus. Aufgrund der zunehmenden IT-Durchdringung der Unternehmen verändern sich vor dem Hintergrund gesättigter Märkte und zunehmenden Kostenbewusstseins auch die Erwartungen der Fachbereiche gegenüber IT-Abteilungen und einer automatisierten Berichtsfähigkeit. Wo noch vor wenigen Jahren retrospektive Analysen in Monats,- Wochen- oder Tageszyklen für mittel- bis langfristige Planungs- und Steuerungsprozesse ausreichend waren, hat inzwischen eine permanente Forecast-Betrachtung an Bedeutung gewonnen. Alle Informationen müssen zeitnah, qualitativ gesichert und technisch hochverfügbar als integrativer Bestandteil der Arbeitsplatzsysteme über alle Hierarchieebenen bereitgestellt werden. In vielen Unternehmensbereichen ist es heute unerlässlich, Echtzeitanalysen in operativen Systemen zur Verfügung zu stellen. Damit stehen Unternehmen heute vor der Herausforderung, einen Wettlauf gegen den stetig anwachsenden Datenstrom zu bestreiten und in annähernder Echtzeit (near realtime) diesen Strom in verwertbare Information und entscheidungsrelevantes Wissen zu verwandeln.

Data Warehouse und Business Intelligence werden dadurch zu einem Bestandteil der operativen Prozesse entlang der gesamten Wertschöpfungskette eines Unternehmens und bilden die Grundlage des aktiven Corporate Performance Managements. Das wiederum bedeutet, dass BI und CPM nicht als reine IT-Themen aufgefasst werden können, sondern vielmehr eine Aufgabe des gesamten Unternehmens sind.

Hinweis

Business Intelligence ist ein Unternehmensprozess!

IT-Verantwortliche befinden sich inzwischen in einer permanenten Defensive bezüglich der Kosten und den in das Unternehmen zurückgelieferten Mehrwerten. Längst ist die Rede von der *IT-Rendite*, durch die z.B. CIOs in Großunternehmen die Existenzberechtigung von Systemen und die Sinnhaftigkeit von Budgetfreigaben für die IT nachweisen müssen. Business Cases, die einen solchen Nachweis ermöglichen, sind allerdings in den wenigsten Fällen realistisch zu berechnen, solange keine Transparenz über Unternehmensprozesse, IT-Strukturen, IT-Aufwand und aus den von der IT bereitgestellten Applikationen und Workflows generierten Business Benefits gegeben ist. Solange die Business Cases jedoch nicht realistisch die von der IT tatsächlich erzeugten Mehrwerte widerspiegeln, wird die IT im Unternehmen weiterhin ausschließlich als Kostenverursacher wahrgenommen.

Damit ist ein verhängnisvoller Kreislauf in Gang gesetzt, der diese Situation manifestiert und dauerhaft die Erschließung von Potenzialen verhindert.

Der Aufbau von Business Intelligence kann diesen Kreislauf unterbrechen und die in ihm verschwendeten Energien gewinnbringend kanalisieren. Allerdings wird für eine Initiative zum Aufbau von Business Intelligence das uneingeschränkte Sponsoring des Topmanagements benötigt, weil nur dadurch die benötigte Umsetzungsrelevanz in allen Unternehmensbereichen sichergestellt werden kann. Dabei sollte den Entscheidern bewusst sein: Der Aufbau von BI wird bis zur Erreichung der ersten Ziele zunächst Aufwand verursachen, sich aber schon mittelfristig in Form höherer Produktivität und verbesserter Wettbewerbsfähigkeit auszahlen.

1.3   Business Intelligence und Business Intuition

An dieser Stelle soll ein Aspekt noch einmal ausdrücklich betont werden: Die Autoren dieses Buches vertreten nicht die Ansicht, durch einen optimierten Einsatz von IT-Systemen in Form von Business Intelligence »mache sich das Geschäft quasi von selbst«. Niemand behauptet, dass die vielfältigen intuitiven und emotionalen Aspekte von Entscheidungsfindungen durch Systeme ersetzt werden könnten.

Ganz im Gegenteil: Um richtige Entscheidungen treffen zu können, müssen die rationalen Fakten und das berühmte »Bauchgefühl« eine Einheit bilden. Ein Entscheider, der sich ausschließlich auf technische Analysen verlassen und seine »innere Stimme« ignorieren würde, wäre schlecht beraten. Der Mensch mit seinen individuellen Fähigkeiten bleibt letztlich immer der ausschlaggebende Faktor erfolgreicher Handlungskonzepte – ob im persönlichen Kundengespräch am Point of Sales oder in strategischen Entscheidungsszenarien von Konzernzentralen.

1.3.1 Was ist Business Intuition?

Intuition wird gemeinhin als grundlegende menschliche Kompetenz verstanden, die uns »zur Informationsverarbeitung und zur angemessenen Reaktion bei großer Komplexität der zu verarbeitenden Daten« (Wikipedia) befähigt.

Von außen wird Intuition oft als unmittelbare, nicht in verschiedenen Schritten gewonnene Erkenntnis wahrgenommen. Man kommt zu einem Ergebnis, obwohl die Informationsgrundlage dem Außenstehenden als nicht ausreichend erscheint:

»It appears that intuition can be said to occur when an individual reaches a conclusion on the basis of less explicit information than is ordinarily required to reach that conclusion.« (Westcott 1968, S. 97)

Als »Business Intuition« kann der erfolgreiche Einsatz von Intuition als Werkzeug im Management und bei geschäftlichen Entscheidungsprozessen allgemein bezeichnet werden.

1.3.2 Ist Business Intuition sinnvoll einsetzbar?

Für Kritiker der Metaphysik wie Wittgenstein drückt die Benutzung des Wortes Intuition einfach aus, dass derjenige, der es benutzt, keine für ihn adäquate Erklärung für das Zustandekommen einer Erkenntnis hat.

Auch aus der moderneren naturwissenschaftlichen Perspektive wird Intuition zum Teil kritisch betrachtet, da die Erkenntnis nicht objektiviert werden kann und einer Hinterfragung nicht standhält. Insofern kann sie als Ausweichmechanismus aus der Vernunftwelt verstanden werden oder als deren Überwindung bzw. komplementäre Ergänzung. Immanuel Kant postulierte daher: »Das menschliche Denken ist nicht intuitiv, sondern diskursiv.«

Andererseits deuten neue Forschungsergebnisse darauf hin, dass man mit der Intuition insbesondere in komplexen Situationen des Öfteren zu besseren Entscheidungen kommt als mit dem bewussten Verstand (Plessner, H., Betsch, C., & Betsch, T. (Eds.). (in press). Intuition in judgment and decision making. Mahwah, NJ: Lawrence Erlbaum).

Der Heidelberger Psychologe Dr. Henning Plessner führte ein Experiment durch, bei dem die Probanden die Kursverläufe von fünf Aktien von einem Nachrichtenticker laut zu lesen hatten. Außerdem wurde ihnen aufgetragen, die zugleich auf dem Bildschirm gesendeten Werbespots einzuschätzen. Vermittelt wurde ihnen, die Spots seien die Hauptaufgabe.

Im Anschluss waren die Teilnehmer außerstande, Fragen rund um die Aktien richtig zu beantworten. Als sie jedoch frei darüber reden durften, sprudelte es nur so aus ihnen hervor, und sie stuften die bestdotierten Wertpapiere sogar richtig ein.

1.3.3 Wie funktioniert Business Intuition?

Das Unbewusste ist in der Lage, weitaus mehr Informationen zu berücksichtigen als das präzise arbeitende Bewusstsein, das nur eine relativ beschränkte Anzahl von Informationen verarbeiten kann.

Wir wissen, dass unser Bewusstsein nur einen winzigen Tropfen im Meer des geistigen Geschehens ausmacht. Jede Sekunde verarbeitet unser Unbewusstes Massen von Eindrücken und Informationen, sortiert, filtert und bewertet sie, ohne dass wir es bemerken.

Als weitgehend neue Erkenntnis der Forscher scheint sich herauszu-kristallisieren, dass die angebliche Gefühlsentscheidung sich auf die-sem gesammelten Vorwissen gründet und nicht etwa losgelöst und komplett irrational getroffen wird. Unsere Intuition entscheidet auf-grund all dieser Eindrücke ohne lange Bedenkzeit und arbeitet so wesentlich schneller als unser Verstand. Entscheidungszentrum und Gefühlszentrum im Gehirn arbeiten dabei eng zusammen.

1.3.4 Business Intelligence und Intuition im Management

Albert Einstein sagt man den Satz nach, Intuition sei »alles, was zählt«.

Dies trifft sicher nicht auf alle Lebenssituationen und Berufsbilder gleichermaßen zu. So wird ein Richter immer anstreben, seine Ent-scheidungen möglichst zu objektivieren. Trifft ein Manager hingegen unter enormen Zeitdruck zu einem komplexen Sachverhalt eine Ent-scheidung, so wird seine Intuition eine wichtige Rolle bei seiner Ent-scheidungsfindung spielen.

Die Qualität dieser auf Intuition basierenden Entscheidungen hängt maßgeblich von der Qualität des implizit genutzten Wissens ab. Hier steht vor allem die selbst gewonnene Erfahrung im Vordergrund, die der Hauptquell unverfälschten Wissens ist.

Bei ständig wechselnden, komplexen Sachverhalten mit hinreichend vielen Freiheitsgraden wird man häufig aber auf zusätzliche Informa-tionen angewiesen sein. Diese Informationen sollten daher – entspre-chend der eigenen Erfahrung – hochverlässlich und möglichst voll-ständig sein, selbst wenn eine Entscheidung in erster Linie intuitiv getroffen wird.

Nur auf Basis verlässlicher und möglichst vollständiger Informatio-nen kann Intuition zu guten Entscheidungsergebnissen führen, da falsche oder lückenhafte Informationen dauerhaft zu einer implizit falschen Wahrnehmung führen und intuitive Entscheidungen fehllei-ten.

An dieser Stelle schließt sich der Kreis von Business Intuition zu Business Intelligence:

- Business Intelligence hilft bei der Bereitstellung hochverlässlicher Informationen, die dringend für eine qualitativ hohe Nutzung von Business Intuition benötigt werden. Mit den heute zur Verfügung stehenden technischen Mitteln kann dabei erreicht werden, dass die rationalen Fakten der Realität entsprechen und nicht durch technische Unschärfen eine vorhandene emotionale und intuitive Kompetenz schwächen.

- Business Intelligence schließt die Feedback-Schleife (engl. Closed Loop, vgl. auch »Closed Loop Monitoring«, Abschnitt 7.1) zu Business Intuition: Mithilfe qualitativ hochwertig aufgearbeiteter Informationen kann überprüft werden, ob man mit der intuitiv getroffenen Entscheidung richtig gelegen hat. Somit kann Business Intelligence maßgeblich dazu beitragen, dass der erfolgreiche Einsatz von Business Intuition trainiert wird.

Auf diese Art wachsen Business Intelligence und Business Intuition zusammen. Dieser Aspekt sollte bei allen folgenden Erörterungen über technische und methodische Möglichkeiten immer im Bewusstsein bleiben.

1.4 Statements aus Unternehmen

Wir haben einige Stellungnahmen von Verantwortlichen in Unternehmen zusammengestellt, die wir im Laufe unserer Tätigkeiten im Bereich Data Warehouse, Reporting und Business Intelligence immer wieder gehört haben. Die Aussagen sind sinngemäß zitiert und anonymisiert. Sie entsprechen inhaltlich weit verbreiteten Meinungsbildern und Erfahrungen.

1.4.1 Controlling

»Ich würde gerne die Ressourcen, die sich in meiner Abteilung mit dem ‚Einsammeln', der Aufbereitung und Weiterverarbeitung von Rohdaten beschäftigen, für die Analyse von Ergebnissen

nutzen. Aber soweit kommen wir gar nicht, weil unsere zentrale IT es nicht schafft, uns konsolidiertes Material zu liefern – also machen wir es selbst.«

Abteilungsleiter Controlling, mittelständisches Unternehmen

»Wir müssen heute nicht mehr analysieren, wie die Welt gestern war, sondern wir müssen wissen, wie sie jetzt ist und morgen sein wird.«

Leiter Salescontrolling, Großunternehmen

1.4.2 Sales

»In den meisten Review-Meetings verbringen wir die Hälfte der Zeit mit der Diskussion darüber, wessen Zahlen die richtigen sind, weil jeder sein eigenes Reporting mitbringt. Ich habe den Eindruck, aus den Rohdaten lässt sich für jede Kennzahl jeder beliebige Wert erzeugen.«

Leiter Sales, mittelständisches Unternehmen

»Es wäre gut zu wissen, welche Produkte wir in welcher Stückzahl pro Region tatsächlich (!) verkaufen. Dann wäre es ein Leichtes, Trends zu erkennen und sofort zu reagieren. Unser Umsatz würde sich schnell verdoppeln.«

Sales-Verantwortlicher, mittelständisches Unternehmen

»Warum muss ich mir die relevanten KPIs (Key Performance Indicators, Kennzahlen zu kritischen Erfolgsfaktoren, Anm. d. Autoren) immer aus den unterschiedlichsten Excel-Dateien und Anwendungen zusammenstellen? Das muss doch einfacher gehen!«

Sales Assistent, Großunternehmen

1.4.3 Marketing

»Zur zielgerichteten Kampagnenplanung benötigen wir unbedingt eine mit Sales harmonisierte Datenbasis – mindestens

tagesaktuell – im Idealfall aus einer integrierten Plattform, über die wir auch direkt mit Sales kommunizieren können.«

Bereichsleiterin Marketing, Großunternehmen

1.4.4 Business Development

»Wenn ich heute in die Organisation rufe: Gebt mir mal für meine Chefin den aktuellen AE (Auftragseingang, Anm. d. Autoren) fürs Board Meeting, dann bekomme ich bei ‚x' Adressaten meiner Anfrage ‚x' unterschiedliche Werte geliefert. Keiner dieser Werte ist mit irgendeinem Wert identisch, den die anderen Board-Mitglieder aus FC, Sales oder Marketing mitbringen, weil jeder aus einem anderen Tool beliefert wird. Und angeblich kosten alle diese Tools kein Geld ... «

Mitglied im Stab Corporate Business Development,
Großunternehmen

1.4.5 Topmanagement

»Ich habe meinen Leuten im Stab gesagt, dass ich ein paar Kennzahlen von meinem Arbeitsplatzsystem selbst abrufen können will. Daraufhin habe ich nach ein paar Monaten (!) mehrere (!) Systemzugänge erhalten – und jedes Mal ist das Handling des Tools anders, die Zugriffe funktionieren nicht oder die Daten sind veraltet usw. Ich hab's dann aufgegeben und beschäftige jetzt wieder einen Mitarbeiter, der nichts anderes macht, als für mich Reports zu erstellen. Bei der Vorstellung, dass wir mit unseren Kunden auch so umgehen, wundern mich dann auch bestimmte Ergebnisse nicht mehr.«

Director Sales, Großunternehmen

1.4.6 Aufsichtsrat

»Wieso waren Sie nicht in der Lage, die Entwicklungen vorauszusehen? Sämtliche Wettbewerber scheinen jedenfalls weit vor uns reagiert zu haben.«

Aufsichtsratsmitglied,
mittelständisches Unternehmen

1.5 Öffentliche Informationen

1.5.1 Gartner-Studie

Eine Studie des Branchenanalysten Gartner von Anfang 2008 hat untersucht, an welchen Hemmnissen Business Intelligence-Initiativen häufig scheitern, sodass es in der Folge zu so ernüchternden Stellungnahmen wie den oben beschriebenen kommen kann.

Die folgende Grafik zeigt die Ergebnisse der Studie, die auch in der Computerwoche 07/2008 veröffentlicht wurden. Sie verdeutlicht, dass fast ausschließlich IT-unabhängige Aspekte über den Erfolg von BI-Projekten entscheiden. Die Nichtbeachtung dieser Erkenntnis hat Unternehmen aller Größen in den letzten Jahren viele Millionen Euro gekostet, die zum Teil an anderer Stelle eingespart werden müssen, ohne dass ein nennenswerter Gegenwert erzeugt werden kann. Die sehr aufwendigen »Workarounds« zur Erzeugung halbwegs valider Berichte müssen dann weiterhin aufrechterhalten werden.

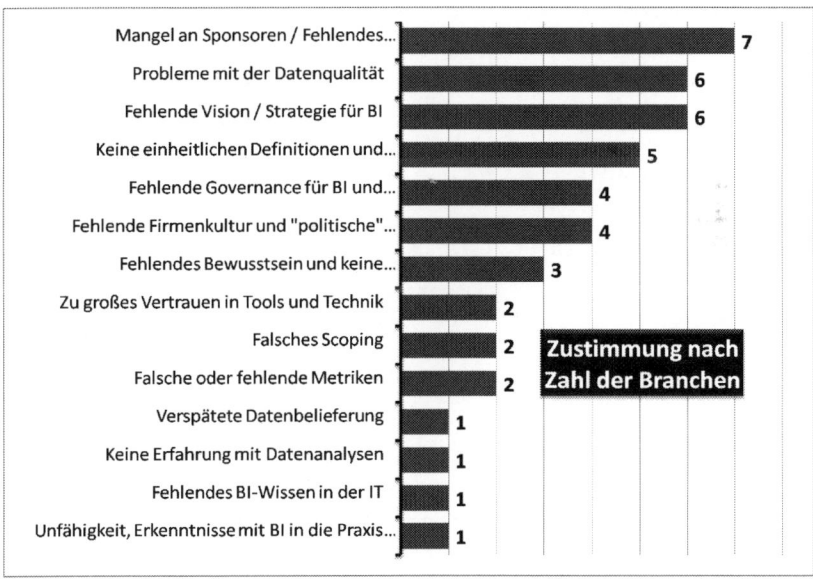

Abb. 1.1: Die häufigsten Probleme von BI-Initiativen

Die häufigsten Probleme in BI-Projekten	Wert
Mangel an Sponsoren / Fehlendes Engagement außerhalb der IT	7
Fehlende Vision / Strategie für BI	6
Probleme mit der Datenqualität	6
Keine einheitlichen Definitionen und Bezeichnungen	5
Fehlende Firmenkultur und "politische" Gegensätze	4
Fehlende Governance für BI und Informationsverwaltung	4
Fehlendes Bewusstsein und keine "Verinnerlichung" von BI	3
Falsche oder fehlende Metriken	2
Falsches Scoping	2
Zu großes Vertrauen in Tools und Technik	2
Unfähigkeit, Erkenntnisse mit BI in die Praxis umzusetzen	1
Fehlendes BI-Wissen in der IT	1
Keine Erfahrung mit Datenanalysen	1
Verspätete Datenbelieferung	1

Abb. 1.2: Die häufigsten Probleme von BI-Initiativen – Tabelle

1.5.2 Presse

Computerwoche 07/2008

Artikel: »*BI – angesagt und unverstanden*«

von Sascha Alexander

Hier einige Zitate aus dem oben genannten Artikel von Sascha Alexander in der Computerwoche 07/2008 mit dem Titel: »BI – angesagt und unverstanden«, der die Erkenntnisse aus der Gartner-Studie untermauert:

- »Bei den meisten Unternehmen dienen BI-Tools nur dem Kennzahlen-Reporting, aber nicht als Grundlage von strategischen Entscheidungen.« (Zitat Andreas Bitterer, Research Vice President bei Gartner)

- Es fehlen Budgets und der Segen aus dem Vorstand.

- Die meisten BI-Initiativen sind rein taktischer Natur oder haben »fokussierte Lösungen« zum Ziel.

- ... BI-Strategien und systematisches Vorgehen in Unternehmen (sind) nur selten zu finden. Dadurch gehe ein Großteil des Potenzials entsprechender Produkte für die Unternehmenssteuerung und zur Entwicklung von Wettbewerbsvorteilen verloren.

- Die Produkte hätten sich (laut Andreas Bitterer, Anm. d. Autoren) derart weiterentwickelt, dass sie eigentlich keinen Grund für das Scheitern von BI-Projekten liefern sollten.

- »80 Prozent der Nutzer wissen gar nicht, was sie mit solchen Produkten alles herausfinden können.« (Zitat Andreas Bitterer, Anm. d. Autoren)

- Produkte alleine sichern nicht den Erfolg mit BI. Eine klare BI-Strategie und Governance, die laufende Wartung von Systemen und Datenmodellen, die Verbesserung und Sicherung der Datenqualität, Schulungen und eine benutzerfreundliche Arbeitsumgebung sind vielmehr die Schlüssel dazu.

- Nur in den fortgeschrittensten Initiativen finden sich Stabsstellen zur Projektsteuerung. Solche Teams empfiehlt Gartner seit einigen Jahren als Business Intelligence Competence Center (BICC).

IS report, 13. Jahrgang, 1+2/2009, Seiten 35 ff.

Artikel: »Business Intelligence lässt sich nicht kaufen«

von Dietmar Köthner

Der Artikel zitiert den Inhaber des Lehrstuhls für Wirtschaftsinformatik an der Universität Stuttgart, Prof. Dr. Hans-Georg Kemper, aus seinem Eingangsvortrag »Business Intelligence lässt sich nicht kaufen« beim 28. Stuttgarter Unternehmergespräch.

Demnach hat eine von Prof. Dr. Kemper und seinem Kollegen am Lehrstuhl Controlling der Universität Stuttgart, Prof. Dr. Pedell, durchgeführte Befragung unter 700 Beteiligten ergeben, dass die größten Herausforderungen beim Thema Business Intelligence in folgenden Bereichen gesehen werden:

- Mangelnde Datenqualität
- Heterogenität der Business Intelligence-Analysesysteme

- Fehlende Funktionalität

- Ungenügende Abdeckung des jeweiligen Informationsbedarfs

- Unzureichende Performance

Prof. Dr. Hans-Georg Kemper sieht in seinem Vortrag »Strategiepro-jekte, deren Nutzen sich nicht sofort auf Cent und Euro berechnen las-sen«, als zielführend für die Verwirklichung von Business Intelli-gence. Darüber hinaus wird von ihm eine »BI Governance« zur Definition unternehmensweiter Regelungen befürwortet.

Zum Aspekt der strategischen Bündelung von BI-Aktivitäten in eige-nen BI-Organisationen führt Köthner in seinem Artikel weiter aus, dass z.B. bei Bosch ca. 40 Mitarbeiter und bei der Daimler AG nach Aussage von deren CIO, Dr. Michael Gorriz, alleine 160 Entwickler mit Business Intelligence befasst seien.

Der Aufbau von Business Intelligence bei Bayer MaterialScience habe sechs Jahre in Anspruch genommen. Die beiden Verantwortlichen bei Bayer MaterialScience, Dr. Thorsten Pöttner und Dr. Lothar Burow, werden von Köthner dahingehend zitiert, dass auch für die nun exis-tierende Business Intelligence die größte Herausforderung darin bestehe, »... Fragen zu beantworten – und zwar jede Frage, an jedem Ort, zu jeder Zeit«.

Dr. Michael Gorriz, CIO der Daimler AG, verweist darüber hinaus auf einen Aspekt, den wir in Vorwort und Einleitung als entscheidend für das Verständnis von Business Intelligence eingeordnet haben: Intelli-genz im Rechner helfe wenig, wenn die Intelligenz vor dem Rechner fehle.

1.6 Business Intelligence braucht eine Idee

Abschnitt 1.5 zeigt, dass rein IT-technische Fragestellungen für den Erfolg von BI-Initiativen eine geringe Relevanz haben. Darüber hin-aus handelt es sich bei den beschriebenen Motivlagen zur Einführung von Business Intelligence genau genommen nur um Anlässe, die Ein-führung von Business Intelligence in einem Unternehmen ernsthaft

zu erörtern (vgl. Abschnitte 1.2 und 1.4). Die Bereitstellung aussage-
kräftiger Reports zu unterschiedlichsten Fragestellungen aus dem
Blickwinkel der verschiedenen Unternehmensbereichen stellt bei
Licht betrachtet lediglich die Grundanforderung an ein funktionierendes Data Warehouse mit allen dazu gehörenden Prozessen dar. In diesem Stadium kann man noch nicht von Business Intelligence sprechen.

Der Schritt vom Data Warehousing zur Business Intelligence hat
natürlich dennoch viel mit IT-technischem Handwerk zu tun, wenn es
darum geht, ein wie oben erwähntes »funktionierendes Data Warehouse mit allen dazu gehörenden Prozessen« als technische Basis für
Business Intelligence bereitzustellen. Aber bereits bei der wie selbstverständlich geforderten hohen Datenqualität, die schon im Stadium
des klassischen Data Warehousing einen großen Stellenwert besitzt
und für BI absolut unerlässlich ist, werden wir im weiteren Verlauf
sehen, dass es sich bei deren Herstellung niemals um ein reines IT-
Thema handelt, sondern vielmehr die konsequente Kooperation von
Business und IT erfordert (vgl. Abschnitt 3.11). Und genau diese Kooperation ist ein wesentlicher Aspekt der Business Intelligence. Das
bedeutet, dass man den Weg vom Data Warehousing zur Business
Intelligence genau dann zu beschreiten beginnt, wenn man die Defizite bearbeitet, die das »Funktionieren« eines Data Warehouse bis
dahin verhindert haben (vgl. Abschnitt 1.5 und Kapitel 3).

Aber selbst durch Umsetzung aller identifizierten Maßnahmen zur
Mängelbeseitigung im Data Warehouse und einer verbesserten Kooperation zwischen Business und IT erhält ein Unternehmen noch
nicht den Mehrwert, den Business Intelligence bei konsequenter
Umsetzung tatsächlich liefern kann. Der von uns eingeführte Aspekt
der »Business Intuition« (vgl. Abschnitt 1.3) deutet an, was noch fehlt.
Denn so wie Management viel mit Intuition zu tun hat, also mit oft
spontanen *Ideen*, die sich eher irrationaler, aber sehr effizienter Wis-
sensspeicher bedienen, und so wie allen erfolgreichen Unternehmen
ursprünglich immer eine *funktionierende* Geschäfts*idee* zugrunde lag,
so benötigt auch Business Intelligence eine *Idee*, ein aus den
Geschäftsmodellen und der Unternehmensstrategie abgeleitetes Ziel,

das über alle Phasen einer BI-Initiative konsequent verfolgt wird und dem bei Bedarf andere Themen untergeordnet werden können, weil BI einen integrierten Gesamtansatz verfolgt. Man könnte sagen, die *Idee* haucht einem Data Warehouse das Leben ein, durch das Business Intelligence entsteht. Business Intelligence ist bei dieser Betrachtungsweise ein komplexer Prozess in Unternehmen, die wir als einen auf ständigen Wandel ausgerichteten, lebendigen Organismus betrachten (vgl. Vorwort).

Als Beispiel für eine Idee, die BI zugrunde gelegt werden kann, betrachten wir im Folgenden ein virtuelles Mobilfunkunternehmen, das mit den typischen Herausforderungen dieser Branche konfrontiert ist:

1. Der Markt für das Kerngeschäft ist gesättigt, und es herrscht Verdrängungswettbewerb.

2. Es müssen ständig neue Geschäftsmodelle eingeführt werden mit dem Anspruch, Alleinstellungsmerkmale zu erzeugen.

3. Marketing und Vertrieb müssen diese neuen Geschäftsmodelle sehr schnell an den Markt bringen und das Unternehmen dabei für den Kunden sichtbar vom Wettbewerb abgrenzen.

4. Die Wertschöpfung der Geschäftsmodelle muss sofort nach Einführung am Markt überprüfbar sein.

5. Wirksame Steuerungsmechanismen müssen permanent verfügbar sein, um kurzfristig auf veränderte Marktsituationen reagieren zu können.

6. Aufgrund der hohen Marktdynamik müssen alle diese Aktivitäten in immer kürzeren Zyklen durchgeführt werden.

7. Die IT muss jede Aktivität des Business durch Bereitstellung qualifizierter Services auf operativer und dispositiver Ebene unterstützen.

8. Dabei steht die IT im Tagesgeschäft vor der zusätzlichen Herausforderung, die Konsolidierung einer gewachsenen, heterogenen Sys-

temlandschaft und deren Ausrichtung auf die Zukunft sowie die Serviceleistungen für das Business parallel zu erbringen.

9. Das Business hat im Tagesgeschäft die zusätzliche Aufgabe, fachliche Prozesse zu konsolidieren/optimieren.

10. Das gesamte operative Tagesgeschäft sowie alle dispositiven Aktivitäten werden IT-gestützt durchgeführt; einziger *Rohstoff* des Unternehmens sind Daten.

11. Kosten müssen gesenkt werden.

Die Anforderungen des Topmanagements an Business Intelligence könnten in diesem Szenario beispielsweise so definiert sein:

1. Schaffung von Transparenz über alle unternehmenskritischen fachlichen Prozesse

2. Ableitung der Anforderungen an operative und dispositive IT-Systeme zur Unterstützung dieser Prozesse

3. Aufsetzen von Maßnahmen zur Sicherung einer hohen Datenqualität in operativen und dispositiven Systemen

4. Aufbau/Ausbau einer umfassenden Dokumentation über fachliche Prozesse und deren Überleitung in operative und dispositive Systeme mit der Möglichkeit, wechselseitige Abhängigkeiten von Prozessen und Systemen kurzfristig zu identifizieren

5. Signifikante Verkürzung des durchschnittlichen Time-to-Market der IT

6. Vollständige Ausschöpfung des Potenzials, das im Rohstoff »Daten« enthalten ist

7. Aufbau von wirksamen Regelkreisen zwischen Wertschöpfungskette und Steuerungsinstrumenten

8. Neue Geschäftsmodelle aus BI-Analysen ableiten

9. Die Möglichkeit zur realistischen Berechnung einer IT-Rendite schaffen

10. Prozessuale, kulturelle und »politische« Reibungsverluste, die diese Optimierungen verhindern, identifizieren und beseitigen

Zwei Aspekte werden bei diesen beispielhaften Aufzählungen sicherlich schnell deutlich:

- Das gesamte Geschehen ist vom Business getrieben.

- Die vom Topmanagement gesetzten Ziele sind nur durch enge Kooperation von Business und IT zu erreichen.

Die *Idee* hinter diesen Anforderungen könnte man dann in einem Satz etwa so formulieren:

> *Wir wollen den Rohstoff Daten, der wie der Lebenssaft unseres Unternehmens alle Abläufe durchdringt, so veredeln, dass wir aus ihm neue Geschäftsmodelle und Erträge generieren und die Zukunftsfähigkeit unseres Unternehmens langfristig sichern.*

Kapitel 2

IT-Verantwortliche in der Defensive

Dieses Kapitel behandelt folgende Inhalte:

- IT-Verantwortliche im Spannungsfeld zwischen Quick Wins und strategischer Planung
- Unscharfe Kosten-Nutzen-Rechnungen bei BI-Vorhaben
- Wertbeitrag der IT durch Business Intelligence
- Wege aus der BI-Falle

2.1   IT und Fachbereiche

Wie die Gartner-Studie in Kapitel 1 zeigt, sind in über zwei Drittel aller Fälle (28 von 41 Punkten = 68 %) die Erfolgshemmnisse von BI-Projekten in folgenden Punkten zu sehen:

- Fehlende Management-Beachtung (Management Attention) & BI-Strategie (Blöcke 1, 3 & 5)
- Schlechte Datenqualität (Block 2)
- Fehlendes Master- & Meta-Data-Management (Block 4)

Nimmt man die »politischen Gegensätze« (Block 5) hinzu, sind es 78 % (32 von 41 Punkten). Selbst wenn man das Thema Datenqualität als reines IT-Thema auffasste (was, wie wir später zeigen werden, falsch ist), ergäbe sich immer noch ein Wert von 63 % (26 von 41 Punkten) für nicht IT-spezifische Ursachen für das Scheitern von BI-Projekten.

Das macht deutlich, dass wir uns bei der Frage, wie Business Intelligence und Corporate Performance Management erfolgreich aufgebaut werden können, nicht nur mit IT, sondern mit dem Unternehmen insgesamt auseinandersetzen müssen.

Hinweis

Business Intelligence-Initiativen sind keine Technologieprojekte!

Die erfolgreiche Umsetzung von Business Intelligence wird beeinflusst von IT-fremden Faktoren wie

- Unternehmensstrategie
- Geschäftsmodellen
- Steuerungslogiken
- Organisation
- Prozessen
- Arbeitsabläufen (Workflows)
- kulturellen Rahmenbedingungen

Aber auch Themen wie

- Qualität der Bewegungsdaten in operativen Systemen
- Qualität der Stammdaten

sind nur auf den ersten Blick reine IT-Themen. Bei genauerer Betrachtung der Ursachen für Defizite in diesen Bereichen wird schnell deutlich, dass es sich auch hier um Handlungsfelder handelt, deren erfolgreiche Bearbeitung nur unter Beteiligung der Fachbereiche möglich ist.

Trotz dieser mittlerweile unstrittigen Erkenntnisse sind aber auch heute noch in vielen Unternehmen ausschließlich IT-Abteilungen für die Durchführung von BI-Initiativen und allen dazugehörigen fachlichen und organisatorischen Maßnahmen verantwortlich. Vielfach übergeben Fachbereiche wie Sales, Marketing und Controlling ihre umfangreichen Anforderungspakete zum Thema Reporting und Analyse an die IT-Abteilungen mit der Aufforderung, diese möglichst zeitnah umzusetzen. Diese Art der Übergabe fachlicher Anforderungen beinhaltet zumeist unausgesprochen die Aufforderung an die IT-Abteilung, alle vorgelagerten oder parallelen Problemfelder, die die qualitative Umsetzung fachlicher Anforderungen gefährden könnten, quasi »nebenbei« zu bereinigen.

In der Praxis wird damit von IT-Abteilungen erwartet, ohne fachseitige Unterstützung die Verbesserung fehlerhaft beschriebener operativer Prozesse herbeizuführen oder die schlechte Qualität von Stammdaten zu beheben. Diese komplexen, das gesamte Unternehmen betreffenden Aufgaben kann eine IT-Abteilung aber alleine nicht lösen.

Die entscheidende Frage ist:

Frage

Warum tun sich Topmanagement und Fachbereiche so schwer, IT-Abteilungen bei der Umsetzung ihrer eigenen Anforderungen zu unterstützen?

Der Versuch, diese Frage zu beantworten, muss eine Reihe von Aspekten berücksichtigen:

1. **Historie** – Seit in den 70er und 80er Jahren des vergangenen Jahrhunderts IT-Systeme in Unternehmen eingeführt wurden, hat man Topmanagern versprochen, dass durch die Investitionen in diese Systeme eine weitgehend automatisierte Berichterstattung möglich sei, die positive Effekte auf die Performance und das Ergebnis eines Unternehmens insgesamt haben würde. Ihre Amortisation sei der Technik quasi immanent. Die geweckten Erwartungen konnten jedoch in den meisten Fällen nicht erfüllt werden. Aus diesem Grund wird gleichlautenden Ankündigungen von IT-Verantwortlichen in Bezug auf die aktuelle Technologie heute mit Skepsis begegnet.

2. **Heterogene Systemlandschaften** – Im Kontext der oben beschriebenen Historie sind im Laufe der Jahre unterschiedliche Technologien implementiert worden, um die angestrebten Mehrwerte doch noch zu erzeugen. Diese oft proprietären Systeme existieren heute in vielen Unternehmen nebeneinander. Darüber hinaus haben

Akquisitionen und Verschmelzungen von Unternehmen die Vielfalt an parallel betriebenen Systemen und heterogenen Datenstruk-
turen erhöht. Aufgrund der hohen Dynamik dieser Vorgänge vor
dem Hintergrund beschleunigter Märkte blieb in der Vergangenheit oft zu wenig Zeit, um Systeme und Daten zu konsolidieren.
Dadurch erreichen Systeme dauerhaft nicht die geforderte Leistungsfähigkeit, was abermals zu abnehmender Akzeptanz von IT-
Abteilungen und zunehmender Skepsis der Stakeholder führt. In
der Folge werden IT-Ressourcen knapper, und Fachbereiche sehen
sich grundsätzlich nicht in der Verantwortung zur Bereitstellung
von Ressourcen zum Aufbau von Reporting-Systemen.

3. **Themenzuordnung** – Bestimmte Begriffe legen die Auffassung
   nahe, es handele sich bei einem Thema quasi »per Definition« um
   ein IT-Thema. So wird alles, was den Begriff »Daten« beinhaltet, oft
   automatisch der IT zugeordnet. Aber z. B. in Fragen der »*Daten*qualität« ist inzwischen unstrittig, dass die richtige Beschreibung von
   Geschäftsvorfällen und Prozessen, deren saubere fachliche Abbildung in operativen Systemen und fehlerfreie Eingaben der Mitarbeiter in den Fachbereichen ausschlaggebend für die spätere
   inhaltliche Qualität von Berichten sind. IT-Abteilungen fehlt jedoch
   der Durchgriff auf die entscheidenden Stellen in den Fachbereichen, sodass sie auf die Unterstützung der Fachbereiche angewiesen sind. Bleibt diese Unterstützung aus, scheitern entsprechende
   Initiativen.

4. **Beschleunigtes Business** – In vielen Fällen werden Anforderungen
   an IT-Abteilungen gestellt, die realistisch betrachtet erst erfüllt
   werden könnten, nachdem die oben beschriebenen Problemlagen
   schon gelöst worden sind. Fachbereiche benötigen heute zur Aufrechterhaltung der Wettbewerbsfähigkeit des Unternehmens z. B.
   Echtzeitanalysen in operativen Systemen, permanente Forecast-
   Betrachtungen und hochflexible Planungsapplikationen. Das alles
   auf Basis qualitativ hochwertiger Daten und jederzeit aktuell, *near
   realtime*. Derart performante und hochverfügbare Systeme mit
   qualitativ hochwertigen Inhalten sind jedoch in dem oben
   beschriebenen Szenario praktisch nicht aufzubauen. IT-Verant-

wortliche stehen damit vor der Frage: Wie können wir heute schon das liefern, was unsere Systeme aufgrund laufender Optimierungsmaßnahmen eigentlich erst morgen können werden?

5. In diesem Szenario befindet sich die IT in einem »Teufelskreis«:

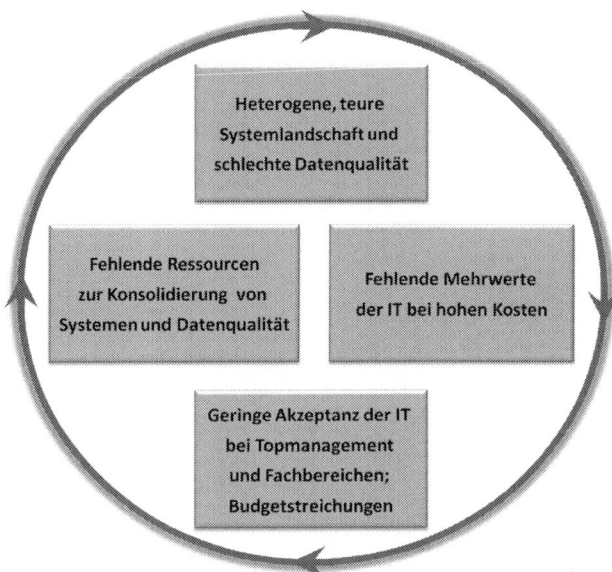

Abb. 2.1:   IT im Teufelskreis

Diesen Teufelskreis können IT-Abteilungen aus eigener Kraft nicht durchbrechen. Selbst bei sauber berechneten Business Cases und plausiblen Konzepten scheitern viele IT-Verantwortliche heute an dem gewachsenen Vertrauensverlust, der die Freigabe realistischer Budgets zur Umsetzung tatsächlich erfolgversprechender Maßnahmen verhindert.

Um einen komplexen Unternehmensprozess wie Business Intelligence erfolgreich umzusetzen, ist eine gemeinsame Anstrengung aller Bereiche eines Unternehmens unter Federführung einer vom Topmanagement legitimierten Organisation notwendig. Das bedeutet, dass die Initiative zur Einführung von Business Intelligence nicht von der IT, sondern vom Business – im Idealfall vom Topmanagement – ausgehen muss.

Topmanagement und Fachbereiche müssen sich über alle erforderlichen Maßnahmen zum erfolgreichen Aufbau von Business Intelligence bewusst werden und einen eindeutigen Auftrag zur Umsetzung erteilen. Nur mit ihrer Unterstützung können IT-Verantwortliche ihre defensive Position verlassen, wieder eine gestaltende Rolle einnehmen und ergebnisrelevante Mehrwerte für das Unternehmen erzeugen.

2.2 Business Cases in Data Warehousing und BI

Ein Unternehmen, das Business Intelligence einführen möchte und bereit ist, von Anfang an möglichst viele grundlegende Erfolgskriterien zu berücksichtigen, um ein zukunftssicheres System zu bauen, muss sich darüber im Klaren sein, dass es sich dabei immer um ein Invest in nicht unerheblichem Ausmaß handelt. Und im Unterschied zu anderen Investitionen ist der Return on Investment (ROI) nicht unbedingt kurzfristig zu realisieren.

Aber bei dieser Betrachtung wird ein Aspekt vernachlässigt, der im Interesse des gesamten Unternehmens erhöhte Aufmerksamkeit genießen sollte. Bei der Berechnung von Business Cases für DWH und BI-Projekte bleiben praktisch immer diejenigen Aufwendungen im Unternehmen unberücksichtigt, die für Aufbau, Betrieb, Wartung und Weiterentwicklung vorhandener Bypass-Systeme (Schatten-IT) oder anderer Parallelprozesse erbracht werden müssen. Diese Kosten entstehen, wenn Fachbereiche die von ihnen benötigten Informationen nicht von der zentralen IT beziehen und ihre Anforderungen auch nicht an diese zentrale IT stellen, sondern parallel zu offiziellen Unternehmensprozessen eigene Reporting-Systeme aufbauen, sogenannte »Bypass-Reportings«. Diese Kosten, die also erst durch das Fehlen einer funktionierenden, zentralen Business Intelligence und ihrer zugehörigen Prozesse entstehen, werden im Rahmen der Kosten-Nutzen-Analysen von neuen BI-Ansätzen in der Regel nicht bewertet. Diese versteckten Kosten sind natürlich in der Praxis schwer zu beziffern und müssen in den meisten Fällen unter Inkaufnahme einer gewissen Unschärfe geschätzt werden. Sie zu unterschlagen, muss allerdings im Sinne einer Kosten-Nutzen-Analyse von BI-Initiativen auf Unternehmensebene als grob fahrlässig betrachtet werden.

Beispiel:

Ein größeres, mittelständisches Unternehmen hat erkannt, dass nur mit Business Intelligence, die Daten in geschäftsrelevantes Wissen transformiert, die Wettbewerbsfähigkeit dauerhaft sichergestellt werden kann. Der Aufbau von BI-Systemen mit Installation der Hard- und Software, Implementierung eines mit den Fachbereichen abgestimmten logischen und physischen Datenmodells, dem Aufbau von Meta Data Services, einem parallelen Teilprojekt zum Aufbau von Master Data Management, der Einführung eines neuen Frontend-Tools zur Steigerung der Flexibilität der DWH-Anwender, dem Entwurf eines Power-User-Konzeptes, Schulungen, Betrieb und 60 Monate Service Level Agreements (SLA) kostet laut Angebot eines Anbieters 5 Mio. €. Die Geschäftsführung hatte zuvor 3,5 Mio. € als maximal zu vertretenden Invest festgesetzt. Das Angebot wird abgelehnt, obwohl alle Experten im Haus überzeugt sind, dass die Lieferanten die benötigte Qualität liefern können.

In diesem Unternehmen arbeiten zu diesem Zeitpunkt in den Bereichen Sales, Marketing, CRM mit Kampagnenmanagement und Controlling insgesamt 15 FTEs (Full Time Equivalents) mit durchschnittlichen Personalkosten von 60.000 €/Jahr (gesamt = 900.000 €/Jahr) an Aufbau, Pflege, Weiterentwicklung und Betrieb von Reporting-Systemen auf Basis von drei getrennt laufenden SQL-Servern, die für die jeweiligen Bereiche spezifische Datenaufbereitungen aus den operativen Quellsystemen durchführen. Dabei wird das schon vorhandene DWH, das allerdings nicht alle benötigten Reportings liefern kann, ebenfalls als Quellsystem für diese Bypasses genutzt. Zur Aufbereitung dieser Informationen werden in der DWH-IT weitere 3 FTEs mit durchschnittlichen Personalkosten von 60.000 €/Jahr (gesamt = 180.000 €/Jahr) gebunden. Gesamtpersonalkosten FTEs für Bypasses: 1.080.000 €/Jahr. Zusätzlich entstehen Kosten für den Betrieb von redundanten Schnittstellen.

Im Idealfall wären auch die nicht gehobenen Potenziale und Business Opportunities zumindest schätzungsweise in den Business Case einzurechnen, die durch die fehlende Optimierung von Prozessen, die normalerweise im Rahmen von Business Intelligence erfolgen würde, nicht realisiert werden können.

In diesem Bypass-Szenario führen Fachbereichsmitarbeiter auf Basis von oftmals autodidaktisch angeeignetem IT-Know-how Arbeiten aus, für die sie laut Stellenbeschreibung nicht bezahlt werden und die eine höhere Fehlerquote aufweisen als bei geschultem IT-Fachpersonal. Gleichzeitig sind IT-Mitarbeiter gezwungen, trotz ihres vorhandenen IT-Know-hows Unterstützungsleistungen für einen fehlerhaften Fachbereichsprozess zu liefern. Die Kosten für die in dieser Konstellation notwendig werdenden Fehlerbehebungen sowie mangelnde Potenzialausschöpfung sollten ebenfalls in den Business Case einbezogen werden.

Die Gesamtkosten für den Bypass und dessen Auswirkungen auf alle Parallel- und Folgeprozesse im Unternehmen sind im Business Case für Business Intelligence so gut wie nie berücksichtigt. Die tatsächlichen Kosten des Bypass für das Unternehmen können in der Praxis aufgrund hoher Intransparenz natürlich nur geschätzt werden, sind aber in der Regel in einer für den Business Case des Gesamtprojekts relevanten Größenordnung anzusiedeln.

Die Differenz in unserem Beispiel von 1,5 Mio. € zwischen Angebotspreis und maximal geplantem Invest würde sich nach Inbetriebnahme des neuen Systems und Aufbau einer geeigneten Business Intelligence Organisation mit Integration der Fachbereiche in kürzester Zeit amortisieren. Danach würde das neue BI zu wesentlich niedrigeren Kosten erheblich mehr Mehrwert im Unternehmen erzeugen. Hat sich das neue System erst etabliert und ist es von den Fachbereichen anerkannt, so lassen sich von Business und IT gemeinsam die verborgenen Potenziale des Unternehmens heben und weitere steuerungsrelevante Mehrwerte erzeugen. Solange ein Business Case für BI diese Aspekte außer Acht lässt, spiegelt er nicht im Ansatz die tatsächliche Situation im Unternehmen wider und liefert keine realistische Kosten-Nutzen-Analyse von BI-Projekten (vgl. Kapitel 5).

2.3   IT-Rendite

Ein weiterer wichtiger Aspekt gerät immer mehr in den Mittelpunkt der Betrachtung: IT darf nicht länger nur unter Kostengesichtspunkten gesehen werden. Inzwischen ist unstrittig, dass zwischen dem Unternehmenserfolg und der Leistungsfähigkeit von IT-Systemen ein direkter Zusammenhang besteht. Effiziente Geschäftsprozesse sind nur noch durch die hohen Automatisierungsgrade zu erreichen, die qualitativ hochwertige IT-Systeme erzielen können. Die Generierung entscheidender Wettbewerbsvorteile aus Informationen und Daten gelingt nur mit einer optimalen Unterstützung durch IT-Tools (vgl. Selcuk Boydak, »Sparst du noch oder verdienst du schon?« Computerwoche 33/2008). Inzwischen setzt sich die Auffassung durch, dass die IT im Rahmen des Wertschöpfungsprozesses des Unternehmens in der Lage sein muss, eine eigene Rendite nachzuweisen.

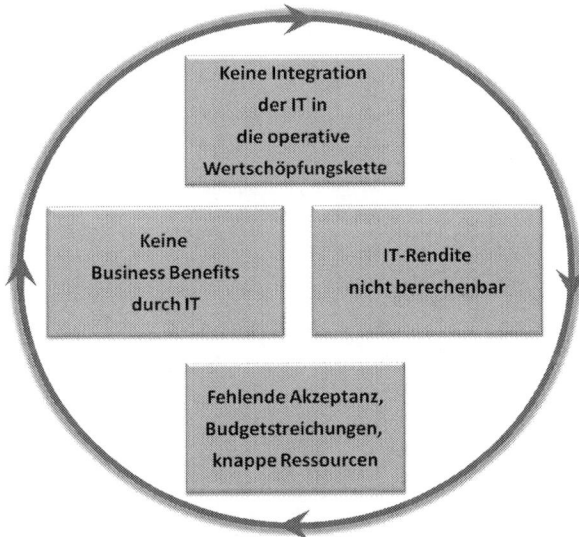

Abb. 2.2:   Keine IT-Rendite ohne IT-Ressourcen

CIOs und andere IT-Verantwortliche geraten dadurch immer mehr unter Druck, wenn es darum geht, den konkreten Nutzen von IT-Systemen und Prozessen auf Unternehmensebene zu belegen. Denn in einem wie oben beschriebenen Szenario unstrukturierter Systeme und Prozesse mit unscharfen Business Cases ist ein solcher Nachweis praktisch unmöglich. Die geforderte IT-Rendite kann – unabhängig vom Ergebnis – überhaupt erst berechnet werden, wenn Aufwände und Erträge von IT-Leistungen sauber gegenübergestellt werden können. Dies wiederum erfordert aber zunächst eine Konsolidierung von Systemen und Prozessen sowie die Integration der dann erst möglichen Business Intelligence in die operative Wertschöpfungskette. Genau dafür werden jedoch aufgrund der vorhandenen Skepsis keine Ressourcen bereitgestellt. Damit befinden sich IT-Verantwortliche auch in Bezug auf den Wertbeitrag der IT in einem »Teufelskreis«.

Bei der Frage, wie dieser Teufelskreis durchbrochen und sich die IT wertorientiert aufstellen kann, hat die Boydak Management Consulting AG den *IT Value EnhancerTM* entwickelt. Auf der Basis von IT-Strategie, Organisation und Prozessen – den »Säulen der Wertorientierung« – wird dabei der Anteil der IT an der Wertschöpfung des Unternehmens erhöht. Gleichzeitig werden sowohl qualitative wie quantitative Größen für die Messung des Mehrwertes durch die IT definiert.

Die IT-Rendite bildet in diesem Modell eine wesentliche Messgröße für den Nachweis des Wertbeitrages der IT. Abbildung 2.3 zeigt das Modell von Boydak Consulting.

Dieses Modell macht nochmals deutlich, dass keine technischen Aspekte zum angestrebten Ziel führen, sondern strategische, organisatorische und prozessuale Maßnahmen. Damit spiegelt das Modell zur Wertorientierung der IT alle aktuell empfohlenen Ansätze zum erfolgreichen Aufbau von Business Intelligence wider.

Aus Sicht von Business Intelligence bedeutet das, dass durch ihren Aufbau unter anderem gerade auch die Voraussetzungen geschaffen werden, die für die Berechnung der geforderten IT-Rendite benötigt werden, denn der Aufbau von Business Intelligence erfordert gerade

- eine dem Stellenwert des möglichen Wertbeitrages der IT angemessene Sicht auf die IT

- die Ableitung einer BI-Strategie aus der Unternehmensstrategie

- den Aufbau einer eigenen BI-Organisation

- die Optimierung von Prozessen sowie

- den Aufbau von Kennzahlensystemen zum Monitoring unternehmenskritischer Prozesse.

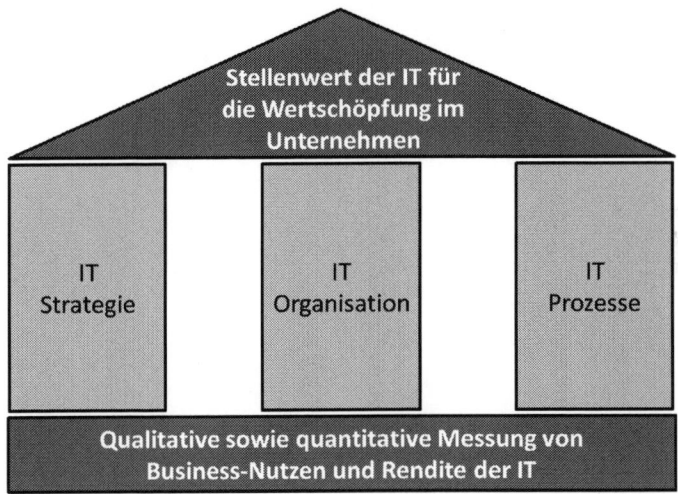

Abb. 2.3: Die Säulen der Wertorientierung
Quelle: Boydak Management Consulting AG – IT Value EnhancerTM

Damit ist der Aufbau von Business Intelligence *das* geeignete Mittel, wie der oben beschriebene Teufelskreis durchbrochen und die Basis für die Berechenbarkeit des Wertbeitrages der IT geschaffen werden kann.

Realistisch betrachtet kann der entscheidende Impuls für die Einleitung entsprechender Maßnahmen aber nur eine konsensuale Initiative aller Top-Entscheider im Unternehmen für den Aufbau von Business Intelligence sein. Bei der Frage, ob das Unternehmen über die benötigten Mittel verfügt, müssen zwingend die oben beschriebenen versteckten Kosten für Bypasses und Parallelprozesse einbezogen werden, um Business Cases realitätsnah berechnen zu können.

Das Missverständnis, dass der Aufbau von Business Intelligence zunächst ausschließlich Kosten verursacht und vielleicht erst nach Jahren zu Business Benefits führt, hat in den vergangenen Jahren in vielen Unternehmen dazu geführt, dass wirklich erfolgversprechende Konzepte von IT-Verantwortlichen nicht durchgesetzt werden konnten.

Business Intelligence ist aber sehr wohl in der Lage, schon in der Aufbauphase neue Mehrwerte zu erzeugen. Entscheidend ist, dass zur Realisierung eines Quick Wins keine weiteren Insellösungen geschaffen werden, sondern alle Maßnahmen sich in ein mittelfristig angelegtes Gesamtkonzept zur nachhaltigen Lösung von Problemfeldern integrieren.

Der Schlüssel zum Erfolg liegt hierbei in der Parallelisierung von Maßnahmen, durch die bestehende Defizite wie z.B. schlechte Qualität der Stammdaten einer nachhaltigen Lösung zugeführt und gleichzeitig benötigte Quick Wins realisiert werden.

Wie diese Parallelisierung in der Praxis umgesetzt werden kann, ist Gegenstand einzelner Kapitel in diesem Buch und insbesondere des Kapitels 10.

Kapitel 3

Strukturelle Ursachen für das Scheitern von BI-Initiativen

Dieses Kapitel behandelt folgende Inhalte:

■ Betrachtung häufig festzustellender struktureller Ursachen für das Scheitern von Business Intelligence-Initiativen

3.1 Tagesgeschäft & Wachstum

Natürlich sind Unternehmen auf Wachstum ausgerichtet, und natürlich ergibt sich hieraus immer wieder die Notwendigkeit, Anforderungen des operativen Tagesgeschäfts vor einem mittelfristigen Bedarf zu priorisieren. Oft genug stehen dann keine Ressourcen mehr zur Verfügung, die spezielle Problemlagen bis in die Tiefe analysieren und nachhaltige Lösungen erarbeiten können. Die Priorisierung des Tagesgeschäftes erfolgt dabei meist zugunsten von kurzfristigen Zielen bei Auftragseingang, Umsatz oder Ergebnis. Dieser Ansatz greift aber aus Sicht einer strategischen Unternehmenssteuerung zu kurz.

Wenn wir uns die vielfältigen Ursachen für unzureichende Datenqualität von Kennzahlen und Reports vor Augen halten, so wird deutlich, dass es sich vielfach um Reibungsverluste auf Ebene der operativen Prozesse eines Bereiches handelt – oft mit Auswirkungen auf andere Unternehmensteile. Wenn diese Reibungsverluste immer wieder »quick & dirty« behoben werden, um ein kurzfristiges Ziel zu erreichen, ist es eine reine Zeitfrage, wann dasselbe Problem – eventuell leicht abgewandelt – wieder auftritt. Berücksichtigt man darüber hinaus, dass wir es in der Regel mit vielen, an unterschiedlichen Stellen gleichzeitig auftretenden Phänomenen zu tun haben, die sich zumeist auch noch wechselseitig beeinflussen, so wird klar, dass eine solche Struktur irgendwann nicht mehr zu steuern ist. Dann nützt auch nicht mehr der viel zitierte »Glaube an die Selbstorganisation« oder die »innere Ordnung im Chaos«.

Zwar sind solche Szenarien bis zu einem bestimmten Komplexitätsgrad beherrschbar, solange die zentralen Know-how-Träger verfügbar sind. Ab einem bestimmten Punkt und einer entsprechenden Anzahl von Freiheitsgraden herrscht jedoch pures Chaos – also Handlungsunfähigkeit. Egal wo man in einer solchen Situation den Hebel ansetzt – die positive Wirkung an der einen Stelle verursacht automatisch eine negative Wirkung an einer anderen Stelle. Die Aufwände, die dann für die Wiederherstellung der Handlungsfähigkeit benötigt werden, sind in der Regel um ein Vielfaches höher als die, die vorher zur nachhaltigen Lösung einiger Kernprobleme erforderlich gewesen wären. In letzter Konsequenz werden dann die chaotischen Strukturen selbst zum Wachstumshemmnis. Der Entscheidungsbedarf lautet dann: entweder Chaos *oder* Wachstum.

Es sollte also auch bei noch so »verführerischen« Optionen im Tagesgeschäft immer berücksichtigt werden, ob die an anderen Stellen hierfür in Kauf zu nehmenden Defizite nicht einen Schaden verursachen, der in der Gesamtabrechnung auf Unternehmensebene einen negativen Saldo bedeuten.

3.1.1 Know-how-Monopole

Szenarien, in denen aus dem Tagesgeschäft heraus mittel- und langfristig wirksame Maßnahmen zur Prozess- und Datenqualitätsoptimierung herunterpriorisiert werden, haben immer auch zur Folge, dass wichtiges Know-how isoliert bei einzelnen Personen gebündelt wird. Die »quick & dirty«-Lösungen werden zumeist außerhalb der Regelprozesse implementiert und nicht oder nur schlecht dokumentiert. Mitarbeiter aller Ebenen machen sich dabei mehr und mehr »unentbehrlich« und tragen oftmals aktiv zur Verhinderung transparenter Strukturen bei, um ihr Spezialwissen für die Erreichung persönlicher Ziele einzusetzen. So verständlich diese Verhaltensweise auf individueller Ebene zunächst erscheinen mag, so schädlich ist sie für das Unternehmen insgesamt, und so kurzsichtig bleibt sie daher am Ende auch in Bezug auf den Einzelnen. Denn über die negativen Auswirkungen auf das Gesamtunternehmen schlägt diese »Strategie« auch auf ihre Anwender zurück.

Aber auch ohne diesen bewussten Einsatz ist Exklusiv-Know-how einzelner Personen ein Erfolgshemmnis, weil Entwicklungsprozesse immer vom Flaschenhals der knappen Ressourcen dominiert werden. Es sind Fälle bekannt, in denen komplette Releases von Systemen mit mehreren tausend Usern nicht oder nicht zeitgerecht umgesetzt werden konnten, weil einzelne Personen z.B. krankheitsbedingt nicht verfügbar waren. Die Kosten für solche Ausfälle sind vermeidbar.

3.1.2 Know-how-Ausgrenzung

Den Aspekt der Know-how-Bündelung gibt es auch in entgegengesetzter Form: die Weigerung, vorhandenes Know-how zu nutzen. Dieses Verhalten könnte man daher auch als »Know-how-Ausgrenzung« bezeichnen. Bestes Beispiel im Bereich Data Warehouse und Business Intelligence ist das recht verbreitete Vorgehensmodell von IT-Abteilungen, Reporting-Systeme zu implementieren, ohne die Fachseiten, für die die Reports bestimmt sind, zu fragen, welche Informationen sie überhaupt benötigen. Darüber hinaus gibt es eine Reihe von Interessengruppen wie Sozialpartner oder Datenschutz, die BI-Projekte durch bloße Intervention scheitern lassen können. Wer hier keine konstruktive Kommunikation aufbaut, wird früher oder später mit massiven Umsetzungshemmnissen konfrontiert werden. Der integrative Ansatz von BI sollte von Anfang an im Mittelpunkt aller Kommunikationsmodelle stehen.

3.2 Unternehmenskultur

Wenn zwischen Fachbereichen, wichtigen Interessengruppen und IT-Abteilung keine effiziente Kommunikation stattfindet, so deutet dies aller Erfahrung nach auf ein grundsätzliches Problem der Unternehmenskultur hin. Die oben geschilderten Kommunikationshemmnisse beruhen in vielen Fällen auf gegenseitigem Misstrauen. Im schlimmsten Fall tradieren sich bestimmte »Feindbilder« im Unternehmen, die dazu führen, dass ganze Bereiche nur noch auf Ebene gegenseitiger Schuldzuweisungen miteinander kommunizieren.

Die entscheidende Frage ist: Woher kommt das Misstrauen?

Warum glauben Mitarbeiter, ein Kollege könne und wolle ihnen schaden und die ihm gelieferten Informationen gegen den Absender verwenden? Oder umgekehrt, warum glauben Mitarbeiter, sie können ihre persönlichen Ziele am besten erreichen, indem sie anderen schaden?

Diese Frage ist die grundsätzliche Frage nach dem Umgang miteinander im Unternehmen, der Unternehmenskultur. Und nichts ist in so starkem Maße von den Vorgaben und dem »Vorleben« durch das Topmanagement geprägt wie die Unternehmenskultur. Probleme in diesem Bereich müssen zwingend als Chefsache auf höchster Ebene angegangen werden, um die Blockaden auf allen nachgeordneten Ebenen zu lösen.

In vielen Unternehmen wurden zu diesem Zweck spezielle »Regelwerke« eingeführt wie z.B. »Die 10 Goldenen Regeln von *xxx*« oder ein »Code of Conduct«. Das Entscheidende ist natürlich, die Einhaltung solcher Regeln auch zu überprüfen und einzufordern. Am Ende ist allerdings der Wirkungsgrad solcher schriftlichen Normen begrenzt, denn letztlich ist die Unternehmenskultur immer geprägt von der individuellen Sozialkompetenz aller handelnden Personen.

3.2.1 Fehlendes Information Management

In einem Szenario von Exklusiv-Know-how und Know-how-Ausgrenzung vor dem Hintergrund einer auf Misstrauen basierenden Unternehmenskultur ist der Aufbau eines sinnvollen, an den Unternehmenszielen ausgerichteten Information Managements nicht möglich. Die fehlenden Informationen verursachen dann an vielen anderen Stellen im Unternehmen hohe Zusatzaufwände.

Die wichtigsten negativen Effekte sind:

1. Redundante Aufwände, weil dieselbe Information mehrfach erhoben werden muss

2. Inhaltlich nicht gesicherte und nicht vergleichbare Ergebnisse aufgrund unterschiedlicher Auswertelogiken

3. Zusätzlicher Abstimmungsaufwand zwischen Unternehmensbereichen, weil jeder nur seinen »eigenen« Zahlen/Informationen vertraut

4. Hohe Kosten für die Harmonisierung von Daten

5. Verlust vertrieblicher Schlagkraft aufgrund fehlender Informationen

6. Verlust der Steuerungsfähigkeit

7. Wettbewerbsnachteile

8. Rückgang bei Auftragseingang, Umsatz und Ergebnis

Um diese Nachteile zu vermeiden, sollten die Ursachen solcher Phänomene konsequent aufgedeckt und beseitigt werden, denn sie schaden allen im Unternehmen.

3.2.2 Fehlende Beteiligung außerhalb der IT

Ein Kardinalfehler beim Aufsetzen von Business Intelligence-Initiativen, der eng mit Defiziten in der strategischen Ausrichtung zusammenhängt, besteht in einer unzureichenden Beteiligung der Fachbereiche, die später die Nutzer neuer IT-Systeme sein sollen, und anderer wichtiger Unternehmensbereiche außerhalb der IT.

Durch eine mangelhafte Beteiligung dieser Interessenvertreter (Stakeholder) verursachen BI-Projekte oftmals schon zu Beginn ein späteres Akzeptanzproblem von Business Intelligence und der IT-Abteilung.

Im Folgenden sind beispielhaft die Stakeholder und ihre unterschiedlichen Blickwinkel auf Business Intelligence dargestellt:

■ Fachseiten

Wenn ein Reporting-System Mehrwert für z.B. Sales, Marketing oder Controlling liefern soll, dann müssen diese Fachbereiche auch definieren, was ihnen das System liefern soll:

→ Nur Marketing kann sagen, welche Daten und Informationen in welcher Form benötigt werden, um Kampagnen gezielt zu steuern und damit neue Anknüpfungspunkte (Leads) und Geschäftsgelegenheiten (Business Opportunities) zu generieren.

→ Nur Sales kann sagen, welche Daten und Informationen in welcher Form benötigt werden, um den Sales so gezielt steuern zu können, dass ein höherer Auftragseingang erzielt wird.

→ Nur Controlling weiß, welche Daten und Informationen in welcher Form benötigt werden, um auf Gesamtunternehmensebene (Corporate-Ebene) die Organisation im Rahmen vorgegebener gesetzlicher Vorschriften abbilden und steuern zu können.

- Management

  → Nur das Topmanagement kann definieren, welche zentralen, fachlich übergreifenden Kenngrößen benötigt werden, um das Unternehmen im Sinne der Gesamtstrategie zu steuern.

  → Nur das Management kann beurteilen, ob die bereitgestellten Prognosen (Forecast-Reports) ausreichen, um auf Trends frühzeitig reagieren zu können.

- Querschnittsbereiche

  → Ein Bereich wie Human Resources (HR) bleibt beim Thema Business Intelligence oft unberücksichtigt, weil z.B. die oben genannten Fachbereiche traditionell im Mittelpunkt der Aufmerksamkeit stehen. Aber auch HR kann und muss im Rahmen unternehmensweiter Business Intelligence Informationen liefern und erhalten. Das ist z.B. für »Wenn-dann-Szenarien« bei geplanten Umorganisationen besonders wichtig.

- IT-Betrieb

  → Der Betrieb von Systemen wird manchmal als ein Randthema betrachtet, das zu schnell als Selbstverständlichkeit aufgefasst wird. Dabei lauern hier viele Fallstricke, die ein ansonsten hervorragend aufgesetztes System zur Bedeutungslosigkeit degradieren können, weil z.B. SLAs nicht sauber vereinbart sind und fehlende Performance und Verfügbarkeit die Akzeptanz bei den Usern und damit die Nutzung des Systems verhindern, was wiederum Konsequenzen wie Bypass-Reporting mit all seinen Negativ-Effekten zur Folge hat (vgl. Kapitel 5).

- Sozialpartner

  → Die unzureichende Einbindung des Sozialpartners kann in allen Projekten, die Auswirkungen auf Arbeitsplatzsysteme und damit auf die Arbeitsbedingungen von Mitarbeitern haben, zum »Show-Stopper« werden. Bei Data Warehouse, Reporting und Business Intelligence-Projekten spielt dabei insbesondere der Aspekt theoretisch möglicher Verhaltens- und Leistungskontrollen von Mitarbeitern eine große Rolle. Es empfiehlt sich, alle zuständigen Gremien des Sozialpartners möglichst frühzeitig und umfassend zu informieren. Eine Intervention von Betriebsräten kann in jeder Projektphase zum sofortigen Stopp des Projektes und zum Stillstand von Systemen führen.

- Datenschutz/Datensicherheit

  → Datenschutzbeauftragte haben einen ebenso großen Einfluss auf Systeme der Informationsverarbeitung wie der Sozialpartner. Im Unterschied zu diesem befasst er sich jedoch nicht mit dem Schutz von Mitarbeiterinteressen aus gewerkschaftlicher Sicht, sondern mit dem Schutz personenbezogener Daten ganz allgemein wie z.B. externer Kundendaten, aber natürlich auch der Daten von Mitarbeitern in ihrer Eigenschaft als natürliche Personen. Im Projekt sollte der Datenschutz im eigenen Haus als wertvoller interner Dienstleister in die Planung einbezogen werden, da er über die aktuellen Gesetze jederzeit informiert ist. In jedem Fall muss die Beachtung aller gesetzlichen Vorschriften sichergestellt werden. Eine Intervention von Datenschützern kann in jeder Projektphase zum sofortigen Stopp des Projektes und zum Stillstand von Systemen führen.

  → Datensicherheit kennzeichnet die technisch-organisatorische Seite zur Umsetzung und Sicherstellung der gesetzlichen Vorgaben zum Datenschutz. Datenschutz ist demzufolge nur durch konkrete Maßnahmen zur Datensicherheit zu erreichen. Datensicherheit dient der Wahrung von Vertraulichkeit, Integrität, Verfügbarkeit und Zurechenbarkeit von Daten. Durch die Verarbeitung

und Speicherung insbesondere personenbezogener Daten innerhalb der BI ist in der Regel sowohl ein Datenschutz- als auch ein
Datensicherheitskonzept Bedingung für den Betrieb von BI.

- SOX

  → Hierbei handelt es sich um ein US-Gesetz zur Regelung der
  Unternehmensberichterstattung. Das Gesetz gilt für inländische
  und ausländische Unternehmen (bezogen auf die USA), deren
  Wertpapiere an US-Börsen gehandelt werden, und ist insofern für
  diese Unternehmen bindend. Eine Intervention von SOX-Beauf-
  tragten kann in jeder Projektphase zum sofortigen Stopp des Projektes und zum Stillstand von Systemen führen.

Die Beteiligung der Fachbereiche und anderer Stakeholder steht in
engem Zusammenhang mit einem sauber aufgesetzten Anforderungsmanagementprozess. Auf diesen sogenannten AFM-Prozess
gehen wir weiter unten ein.

3.2.3 Technikfokussierung

Aktuellen Umfragen zufolge bewerten über 50 Prozent der CIOs
Informationstechnologie noch immer unter reinen Budget- und Kos-
tenaspekten. Der betriebswirtschaftliche Mehrwert der IT sowie der
messbare Beitrag zum Unternehmenserfolg (IT-Rendite) muss mehr
in den Vordergrund rücken (vgl. Abschnitt 2.3).

Hierin liegt eine große Chance der Business Intelligence: Der strategische Wertbeitrag in der Entscheidungsunterstützung des Managements und der Unternehmenssteuerung ist auf kaum einem anderen
IT-Anwendungsgebiet deutlicher und messbarer als bei einer BI-
Anwendung.

Business Intelligence darf nicht als technikfokussierte Lösung wahrgenommen werden. Vielmehr muss die Implementierung und Weiterentwicklung von BI-Lösungen den Menschen und den fachlichen
Kontext im Unternehmen in den Mittelpunkt stellen. Gewachsene
Kulturen im Unternehmen müssen berücksichtigt werden, die Akzeptanz der Mitarbeiter muss sichergestellt und die organisatorischen

Rahmenbedingungen des Unternehmens beachtet werden. Nur so wird man in der täglichen Praxis betriebswirtschaftlichen Mehrwert erzeugen können, der als solcher auch wahrgenommen wird.

3.3 Organisation

Dem Thema Organisation kommt im Zusammenhang mit Business Intelligence große Bedeutung zu. Zum einen ist die Organisation von BI selbst ein wichtiges Thema, das wir ausführlich in Abschnitt 9.2 behandeln. Zum anderen können aber auch organisatorische Aspekte eines Unternehmens entscheidend für den Erfolg von BI-Initiativen sein, die zwar in engem Zusammenhang mit BI stehen, aber nicht direkt der BI-Initiative selbst zugeordnet werden können.

3.3.1 Linienorganisation

In Abschnitt 9.2 wird ein Business Intelligence Competence Center (BICC) als verantwortliche BI-Organisation mit direkter Anbindung an die Geschäftsführung beschrieben. Der Aufbau eines BICC kann aber nur gelingen, wenn die Linienorganisation des Unternehmens zumindest soweit transparent ist, dass alle für BI wichtigen Ressourcen identifiziert werden können.

In der Praxis tritt insbesondere bei großen Unternehmen immer wieder der Fall auf, dass BI-relevante Ressourcen in Fachbereichen arbeiten, ohne dass dies nach außen hin sichtbar wird. Vor allem im Zusammenhang mit Bypass-Reportings werden oftmals Strukturen geschaffen, die fachfremd an IT-Themen arbeiten, ohne dem Aufwand angemessene Mehrwerte für das Unternehmen zu erzeugen (vgl. Kapitel 5).

Eine BI-Initiative sollte durch den Stellenwert, den sie im Unternehmen erhält, die Möglichkeit haben, in diese Strukturen der Linienorganisation einzugreifen. Im Idealfall gelingt es, alle fachlichen und technologischen Know-how-Träger im Unternehmen in die BI-Initiative einzubeziehen.

3.3.2 Positionierung des IT-Managements

Die Positionierung des IT-Managements in der Linienorganisation kann entscheidenden Einfluss auf die Erfolgsaussichten einer BI-Initiative haben. Idealerweise sind die höchsten Entscheidungsträger in der IT auf Ebene der Geschäftsführung platziert, um eine hohe Umsetzungsrelevanz der einzelnen Aktivitäten eines BI-Projektes auch in den Fachbereichen sicherstellen zu können. Gerade im Hinblick auf die organisatorische Stellung eines BICC und die Durchsetzbarkeit von Maßnahmen ist ein Zugang zu den Topmanagern im Unternehmen direkt aus der BI-Initiative heraus notwendig. Um beispielsweise ein strategisches Ziel wie die Konsolidierung einer heterogenen BI-Landschaft inklusive zahlreicher Bypass-Lösungen (vgl. Kapitel 5) verfolgen zu können, bedarf es in größeren Unternehmen mit langjährig gewachsenen Strukturen einer nicht unerheblichen Kraftanstrengung. Eine Umsetzung ohne Vertretung in der Geschäftsführung in Form eines CIOs mit entsprechender Budgetverantwortung lässt sich realistisch kaum gegen die Widerstände der jeweiligen Interessensgruppen in den Fachbereichen durchführen.

Ist das IT-Management vor dem Start einer BI-Initiative nicht in der Geschäftsführung vertreten, so sollte überlegt werden, dies im Rahmen der Einführung von Business Intelligence zu ändern und dadurch ein eindeutiges Signal bezüglich des Stellenwertes der BI-Initiative und der Sicht der Geschäftsführung auf die IT insgesamt zu geben.

3.4 Budgetierungsprozesse

In den meisten Unternehmen verfügen IT-Abteilungen über Budgets, die sie eigenverantwortlich verwalten. In der Regel sind mit der Budgetvergabe Zielsetzungen verbunden, durch die an den Unternehmenszielen ausgerichtete Rahmenbedingungen geschaffen werden, innerhalb derer die IT agiert.

Diese IT-Budgets können auch zum Aufbau von Business Intelligence genutzt werden. Es sollte aber auch Klarheit im Unternehmen darüber herrschen, dass IT-Abteilungen völlig chancenlos sind, wenn von ihnen erwartet wird, dass sie mit regulären Budgets quasi »nebenher« Business Intelligence aufbauen. Business Intelligence ist ein Unternehmensprozess, der vom Topmanagement gesponsert werden muss. Die IT kann aus ihren normalen Budgets dazu nur einen Beitrag leisten, wie er auch von den Fachbereichen erwartet werden muss.

Als regelrechter Show-Stopper muss eine Situation angesehen werden, in der der IT-Bereich nicht über eigene Budgets verfügt. Auch diese Situation kommt in Unternehmen vor. In der Praxis müssen dann für jede einzelne Aktivität ein Business Cases berechnet (eventuelle Unschärfen vgl. Abschnitt 2.2) und neue Budgetfreigaben beantragt werden. Es ist davon auszugehen, dass ein solches Szenario es IT-Abteilungen schon im Regelbetrieb sehr schwer macht, zielorientiert zu arbeiten. Der Aufbau von Business Intelligence mit seinen großen Herausforderungen wird in einem solchen Fall praktisch unmöglich, weil die zeitlichen Vorgaben nicht eingehalten werden können, das BI-Projekt und die IT insgesamt an Akzeptanz verlieren und sich damit wieder eine Situation herausbildet, die durch die BI-Initiative gerade überwunden werden sollte.

Hinweis

Ohne IT-Budget keine handlungsfähige IT.

Ohne BI-Budget keine Business Intelligence.

3.4.1 Dezentrale IT-Budgets

Dieses Thema steht in engem Zusammenhang mit dem Thema Bypass-Reporting, dessen Ursachen und negative Folgen in Kapitel 5 ausführlich beschrieben werden. Lässt ein Unternehmen es zu, dass Budgets für Data Warehouse- oder Business Intelligence-Themen verteilt im Unternehmen liegen, geht damit praktisch immer die Dezentralisierung des Reportings mit allen negativen Folgen einher. Budgets für Business Intelligence müssen zentral – im Idealfall dem BICC – zur Verfügung stehen. Dies gilt auch für die Anteile am Gesamtbudget, die von den Fachbereichen im Rahmen ihrer Beteiligung an einer BI-Initiative bereitgestellt werden.

3.4.2 Verwendung von Fremdbudget für IT-Maßnahmen

Was für dezentrale IT-Budgets gilt, gilt im Hinblick auf ihre negative Wirkung auf BI-Projekte gleichermaßen für zweckentfremdete Budgets der Fachbereiche, die für den Aufbau von Bypass-Reportings verwendet werden. Die Zweckentfremdung von Budgets für inoffizielle Reportings ist eine der Hauptursachen für die intransparenten Reporting-Kosten eines Unternehmens und macht die Berechnung eines sauberen Business Case für Business Intelligence fast unmöglich. Durch die oft fälschlicherweise negativen Business Cases der IT werden dann wichtige BI-Themen nicht umgesetzt, weil ihr Mehrwert nicht erkannt wird (vgl. Kapitel 5).

Hinweis

Die Zweckentfremdung von Budgets der Fachbereiche für Aufgaben der IT und Business Intelligence muss unbedingt unterbunden werden, um negative Auswirkungen auf das Gesamtunternehmen zu vermeiden.

Als geeignete Maßnahmen wären hier beispielsweise zu nennen:

- Zentralisierung des IT-Budgets
- Konventionalstrafen bei Zuwiderhandlung
- transparente Budgetgenehmigungsverfahren
- eindeutige IT-Budgetzuordnungen

3.5 IT- & Daten-Ownerschaft

Bei der Integration von IT-Systemen und Daten kommt es häufig zu Diskussionen darüber, wem ein System und die darin enthaltenen Daten »gehören«. Damit ist gemeint, welche Organisationseinheit die Verfügungsgewalt über Systeme und Daten hat und bestimmen kann, wer im Unternehmen welche Systeme und Daten in welcher Form nutzt.

In diesem Punkt herrscht oftmals keine Übereinstimmung in den Auffassungen von IT-Abteilungen und Fachbereichen. Gerade bei operativen Systemen vertreten Fachbereiche vielfach die Auffassung, dass sie im Besitz der Verfügungsgewalt über das System sein müssen, weil sie es fachlich ausgestalten. Die IT sei in diesem Zusammenhang nur für die Abbildung der fachlichen Anforderungen verantwortlich. Die IT argumentiert andererseits, dass sie keine übergreifende Verantwortung für die Systeme tragen kann, wenn sie nicht über die Weiterentwicklung von Systemen bestimmen und die Gesamtarchitektur beeinflussen kann.

Hierzu ist zu sagen, dass die Verfügungsgewalt über IT-Systeme in der Regel bei der zentralen IT liegen sollte und nur in begründeten Ausnahmefällen einem Fachbereich zugeordnet werden kann. Bezogen auf Business Intelligence bergen solche Szenarien allerdings immer die Gefahr, sich als Show-Stopper zu erweisen.

Bei dispositiven Systemen, die per Definition zentral organisiert sein sollten, stellt sich die Frage der Ownerschaft nicht. Diese muss immer bei der IT liegen.

Im Falle operativer Daten, die in operativen Systemen gehalten werden, lässt sich noch am ehesten nachvollziehen, dass Fachbereiche reklamieren, nur sie alleine könnten die Verantwortung dafür übernehmen, wer in welcher Form mit diesen Daten arbeitet, weil sie originär aus fachbereichsspezifischen Prozessen resultieren. Aber auch diese Argumentation kann nicht aufrechterhalten werden, wenn es um die Prozess-, Daten- und Systemintegration auf Ebene des gesamten Unternehmens geht. Auch hier wird der größte Mehrwert für alle Beteiligten erzeugt, wenn eine zentrale IT alle relevanten Aktivitäten koordiniert.

Dennoch kann es aus Datenqualitätsgründen sinnvoll sein, eine gewisse Verantwortung für die Daten, die in einem bestimmten Bereich erhoben werden, von den jeweiligen Fachbereichen übernehmen zu lassen, um die Qualität der Daten hier permanent überwachen und verbessern zu können (vgl. auch Abschnitt 3.11).

Die eigentliche Verwaltung der Daten aber muss abteilungs- und prozessübergreifend durchgeführt werden.

> **Hinweis**
>
> Die Ownerschaft über alle Systeme und Daten sollte bei der IT liegen!

3.6 Fehlendes Anforderungsmanagement

Die folgende Situation hat wahrscheinlich jeder Mitarbeiter in der IT schon erlebt:

Ein Kollege eines Fachbereiches sagt beiläufig bei einer zufälligen Begegnung: »Wir haben da übrigens noch ein paar Anforderungen, die wir mal in ein paar Folien zusammengefasst haben. Schicke ich dir gleich mit der Bitte, uns zu antworten, bis wann ihr das fertig haben könnt.« Gerne kommen dann auch noch Nachsätze wie: »Da hängt übrigens die gesamte Planung für nächstes Jahr dran – muss also schnell gehen ... .«

Das Schlimme ist: Der Fachbereichskollege hat recht!

Die Anforderung ist technisch nicht kompliziert, sie hat wirklich Einfluss auf die Planung des nächsten Jahres und damit eine hohe Management-Attention, und der Mitarbeiter des Fachbereichs darf erwarten, dass das Thema schnell umgesetzt wird. Gleichzeitig ist aber auch klar, dass von der IT nun die Quadratur des Kreises erwartet wird: nach außen alle Regelprozesse einhalten, während sie gleichzeitig umgangen werden müssen, wenn man den internen Kunden zufriedenstellen möchte.

Machen wir es kurz: Natürlich wird in der Business Intelligence ein von der ersten Anfrage bis zur abgenommenen Umsetzung im Wirkbetrieb durchdekliniertes Anforderungsmanagement benötigt. Alles andere bringt eine BI-Initiative in kürzester Zeit zum Scheitern (vgl. Abschnitt 9.2).

Im Idealfall gibt es im Business Intelligence Competence Center (BICC) einen Bereich, dessen einzige Aufgabe es ist, mit allen Fachbereichen in permanentem Austausch darüber zu stehen, wie durch Business Intelligence weitere Business Benefits erzeugt werden können – ein BI-Requirement Management (Anforderungsmanagement). Alle Beteiligten im Anforderungsmanagement der BI sollten in regelmäßigen Workshops zusammenkommen.

An diesen Workshops sollten permanente (*) und optionale Mitglieder teilnehmen, die z.B. aus den folgenden Abteilungen kommen:

- IT
  - Operative Systeme (*)
  - Dispositive Systeme/DWH/BI (*)
  - Integrationsplattformen (*)
  - ...
- Betrieb
  - Application Management
  - Data Services Management
  - ...
- Fachbereiche
  - Controlling (*)
  - Sales (*)
  - Marketing (*)
  - Einkauf (*)
  - ...
- Querschnittsbereiche
  - Prozesse (*)
  - Human Resources (HR)
  - Sozialpartner

- Datenschutz
- SOX-Beauftragter
- ...

Der AFM-Prozess muss sicherstellen, dass eine Anforderung mindestens folgende Bearbeitungsschritte durchläuft:

- Anforderung aufnehmen
- fachlich und technisch bewerten nach
  - Priorität
  - Komplexität
  - betroffenen Systemen
  - ...
- entsprechend der Bewertung kanalisieren
- beplanen (Release-Planung)
- umsetzen
- testen
- fachlich freigeben
- technisch freigeben
- dokumentieren
- intern kommunizieren und vermarkten

Erst nachdem alle Tasks in Zusammenhang mit einer Anforderung bearbeitet sind, ist diese abgeschlossen.

Fehlt ein solcher AFM-Prozess, herrscht nach kürzester Zeit Chaos, das zu den bekannten Effekten mit allen negativen Folgeerscheinungen auf Unternehmensebene führt:

- Sinkende Qualität der BI-Lösungen
- Sinkende Akzeptanz DWH/BI IT
- Keine Nutzung DWH/BI
- Anforderungen an DWH/BI bleiben aus

- Bypass-Reportings entstehen
- Redundante Datenhaltung und -verarbeitung
- Hohe Kosten
- Intransparenz
- Keine Reporting-Sicherheit
- Defizite in der Steuerungsfähigkeit

Der AFM-Prozess sollte als Bestandteil jeder BI-Initiative angesehen und sein Aufbau von Anfang an eingeplant werden.

3.7   Fehlendes Master Data Management

Reporting-Systeme müssen auf dieselben Stammdaten zugreifen, die auch in den operativen Systemen verwendet werden. Andernfalls können Reports nicht abbilden, was operativ im Unternehmen geschieht. In einer heterogenen IT-Architektur mit ‚n' Einzelsystemen liegen jedoch z.B. Kundenstammdaten mit Zuordnungen zu vertrieblichen Betreuungen, der internen Organisation oder Kundengruppen oft in ‚n' unterschiedlichen Ausprägungen vor, die nicht harmonisiert sind. Um unternehmensübergreifende Reports zu erzeugen, die alle Vorsysteme berücksichtigen, müssen diese Kundenstammdaten innerhalb der Data Warehouse-Prozesse harmonisiert werden. Dies geschieht in der Regel über Mapping-Tabellen. Diese Mapping-Tabellen müssen für jeden Berichtszyklus mit den operativen Systemen synchronisiert werden, sonst liefert das Reporting kein Abbild der Realität. Diese Prozesse des Stammdatenmanagements (Master Data Management) sind keine originären Aufgaben im Data Warehouse und verursachen enorme Zusatzaufwände, sodass Ressourcen für den Aufbau der eigentlich benötigten Reporting-Logiken und Analysen verloren gehen.

Die folgende Abbildung zeigt die Beziehung zwischen verteilten Vorsystemen mit redundanter Haltung von Kundenstammdaten, dem Data Warehouse, in dem diese Daten konsolidiert werden müssen, und den nachgelagerten Reportings, für die konsolidierte Kundenstammdaten benötigt werden:

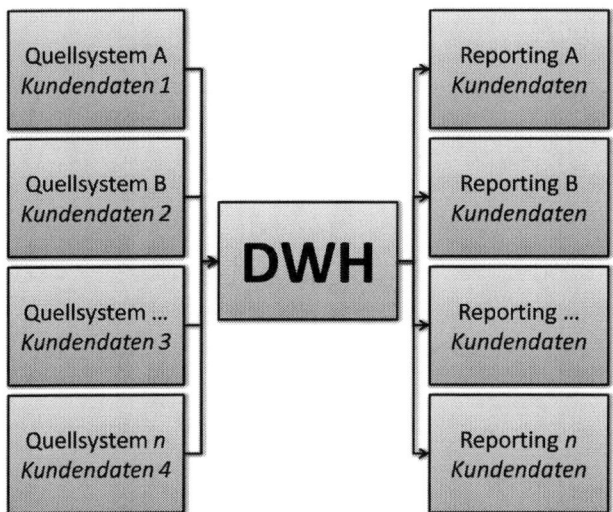

Abb. 3.1:   Konsolidierung Kundenstammdaten ohne KIO-Server

Nachteile dieser Vorgehensweise:

■ Hohe Aufwände im DWH durch die Harmonisierung von Kundendaten aus unterschiedlichen Systemen in jedem Berichtszyklus

■ Hoher Aufwand zur Pflege der aktuellen Mapping-Tabellen

■ Hohe Aufwände zur dezentralen, oft redundanten und widersprüchlichen Datenpflege über alle Systeme

■ Kein übergreifendes Datenobjekt für das Business-Objekt »Kunde« verfügbar

■ Keine Kundengesamtsicht

■ Kein Rückfluss von Informationen aus dem DWH an die operativen Systeme; fehlerhafte Daten müssen in jedem Berichtszyklus erneut korrigiert werden

■ Keine Möglichkeit der Quellsysteme, Kundendaten untereinander auszutauschen

- Keine umfassende IT-Integration

- Keine Echtzeit-Applikationen mit Kundendaten möglich, da Kundendaten immer den ETL-Prozess durchlaufen müssen

Eine sinnvolle Lösung dieser Thematik ist der Aufbau von zentralen Servern zur systemübergreifenden Bereitstellung von Stammdaten, die sowohl die operativen als auch die dispositiven Systeme online aus einer konsolidierten Datenquelle z.B. mit Kundenstammdaten versorgen. Wir sprechen hierbei von KIO-Servern (KIO = Kern-Informations-Objekt). Durch den Einsatz eines Kundenstammdaten-Servers werden die Aufwände für die Kundenstammdatenpflege minimiert und gleichzeitig die Datenqualität in allen Vorsystemen und die Kundendaten auswertenden, dispositiven Systemen signifikant erhöht.

Abbildung 3.2 zeigt dieselben Systeme wie Abbildung 3.1, die jedoch über Online-Schnittstellen an einen KIO-Server mit Kundenstammdaten angebunden sind. Eine Clearingstelle arbeitet direkt auf dem KIO-Server und stellt die hohe Datenqualität sowie die reibungslosen Abläufe des Datenaustauschs sicher:

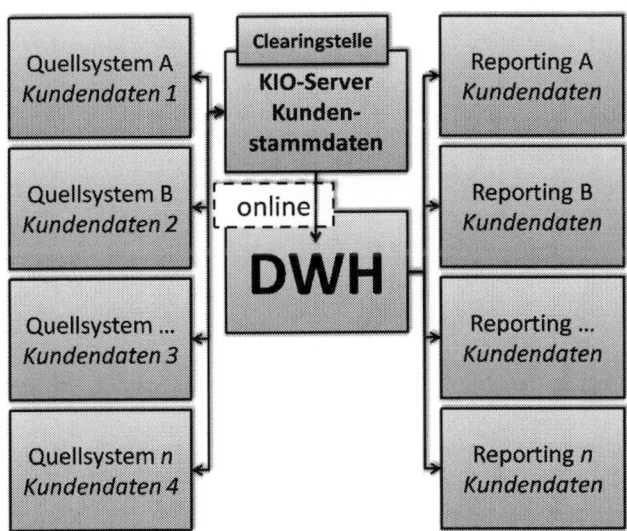

Abb. 3.2:   Master Data Management mit KIO-Server

Vorteile dieser Vorgehensweise:

- Bündelung aller Aufwände für die Harmonisierung von Kundendaten aus unterschiedlichen Systemen in einem spezialisierten Bereich

- Permanenter Abgleich aller Mapping-Informationen über Online-Schnittstellen zwischen Kundenstammdaten-Server und operativen Systemen

- Zentrales Quality-Gate für Kundenstammdaten

- Übergreifendes Datenobjekt für das Business-Objekt »Kunde« verfügbar

- Stammdaten für eine Kundengesamtsicht kann allen Systemen sofort zur Verfügung gestellt werden

- Rückfluss von Informationen aus dem DWH an Kundenstammdaten-Server zur Korrektur fehlerhafter Daten jeweils nur einmalig notwendig

- Umfassende IT-Integration gewährleistet

- Echtzeit-Applikationen mit Kundendaten möglich, da Kundendaten nicht den ETL-Prozess durchlaufen müssen

Parallel zum physischen Aufbau eines KIO-Servers mit allen notwendigen Schnittstellen und seiner Initialbefüllung muss die Ausgestaltung der Prozesse erfolgen, mit deren Hilfe die eigentlichen Aufgaben – also die Herstellung einer optimalen Datenqualität sowie die Konsolidierung und Bereitstellung der Daten – bearbeitet werden soll. Konkret müssen Workflows definiert und im System abgebildet werden, innerhalb derer Mitarbeiter z.B. direkt an der Optimierung der Datenqualität arbeiten. Im Idealfall sollten diese Prozesse von einer »Clearingstelle« (»Cleansingstelle«) durchgeführt werden, die direkt auf dem KIO-Server arbeitet und sich ausschließlich diesen Aufgaben widmet.

Der Aufbau eines KIO-Servers mit Clearingstelle sollte wiederum innerhalb des BICC (vgl. Abschnitt 9.2) in die BI-Aktivitäten integriert werden. Nur so kann die notwendige Synchronisierung von Fachbereichen und IT in einem übergeordneten Anforderungsmanagement sichergestellt werden. Insofern ist es sinnvoll, Vertreter der Clearingstelle in das Anforderungsmanagement des BICC einzubinden. In diesem Zusammenhang verweisen wir auf die beispielhafte Prozessabbildung in Abschnitt 8.1.12, in dem wir im Zusammenhang mit dem Aufbau von KIO-Servern näher auf die Vorteile dieser Integration eingehen.

Die Ausstattung der Clearingstellen kann in aller Regel anhand der Ressourcen erfolgen, die aufgrund der Änderungen, die im Rahmen des Aufbaus einer KIO-Server-Architektur am Gesamtprozess im Unternehmen vorgenommen werden, in anderen Bereichen frei werden.

In diesem Zusammenhang sei erwähnt, dass das primäre Ziel eines BI-Projektes nicht die Identifizierung von Rationalisierungspotenzial ist, sondern die *Optimierung* von Unternehmensprozessen mit dem Ziel höherer Produktivität. Mitarbeiter sollten vor diesem Hintergrund allerdings die Bereitschaft mitbringen, sich in einem sich verändernden Kontext neuen Aufgaben zuzuwenden.

Für die Umsetzung einer KIO-Server-Architektur gibt es verschiedene Möglichkeiten. Es ist nicht unbedingt notwendig, für jedes Stammdatenobjekt tatsächlich ein physisches System aufzubauen. Je nach Größe des Unternehmens bzw. des Datenvolumens ist es vorstellbar, dass lediglich *ein* physisch vorhandener Server logisch in Cluster für die benötigten Business-Objekte aufgeteilt werden kann.

Eine weitere Alternative besteht darin, dass eines der operativen Systeme zum Mastersystem für ein bestimmtes Stammdatenobjekt bestimmt wird und die Daten von dort aus in die anderen operativen und dispositiven Systeme verteilt werden.

Entscheidend ist die logische Trennung aller Harmonisierungsprozesse von den operativen Workflows und der internen Verarbeitung im DWH, sodass die belieferten Systeme keine eigenen Aufwände durch diese Aufgabe haben, sondern von den Services eines Stammdaten-Servers profitieren.

Das Stichwort *Services* lässt hier schon vermuten, dass die Bereitstellung qualitativ hochwertiger Stammdaten durch KIO-Server eine Lieferleistung innerhalb einer Service Oriented Architecture (SOA) sein kann. Auf diesen Zusammenhang gehen wir in Abschnitt 8.2.1 »BI und SOA am Beispiel des Master Data Managements« ein.

Andere Stammdatenobjekte wie Lieferanten, Produkte, Organisationen usw. können in entsprechenden Servern analog abgebildet werden.

3.8   Fehlende Meta Data Services

Dieses Thema wird oft mit dem Master Data Management (Stammdatenmanagement) verwechselt. Es handelt sich aber um zwei unterschiedliche Dinge.

Auszug aus Wikipedia:

> »*Als Metadaten oder Metainformationen bezeichnet man allgemein Daten, die Informationen über andere Daten enthalten. Bei den beschriebenen Daten handelt es sich oft um größere Datensammlungen (Dokumente) wie Bücher, Datenbanken oder Dateien. So werden auch Angaben von Eigenschaften eines Objektes (beispielsweise Personennamen) als Metadaten bezeichnet.*«

Meta Data Services (Meta Data Management) beschreiben z.B. die Datenbank(en) eines DWH auf einem abstrakten Level hinsichtlich der Datenquellen, Verarbeitungslogiken und Zielsysteme und bieten im Idealfall die Möglichkeit, das logische Datenmodell (LDM) in einem Tool zu modellieren und eventuell sogar in das physische Datenmodell (PDM) zu transferieren, das heißt, Änderungen am logischen Datenmodell direkt physisch in die Datenbank zu schreiben.

Mit einem Meta Data Tool sollte es z.B. möglich sein, bei Änderungen eines Feldnamens in einem Quellsystem durch eine einfache Suchfunktion *alle* Tabellen, Felder, Skripte, Prozeduren, Zielsysteme, Berichte usw. im DWH zu identifizieren, die dieses Feld verwenden und eventuell angepasst werden müssen (Impact Analyse).

Tools zum Meta Data Management liefern permanent ein aktuelles Abbild des gesamten DWH Repositorys (»Datenbehälter«) auf abstrakter Ebene und stellen in dieser Funktion eine hervorragende Dokumentation des DWH dar. Auf Basis dieser Dokumentation sollte es z.B. möglich sein, fachliche Anforderungen mit den Fachbereichen direkt auf Ebene des logischen Datenmodells zu diskutieren. Dabei können auch Mängel in den operativen Vorsystemen und Prozessen zutage treten, indem während der Recherche zu einem im DWH nicht vorhandenen Feld deutlich wird, dass das benötigte Feld schon im Vorsystem, eventuell sogar der fachliche Inhalt im gesamten Prozess fehlt.

Die auf diese Art von der IT erzeugte Transparenz über Daten und Prozesse kann sofort zu fachseitigen Aktivitäten im Vorsystem genutzt werden und direkt zu einer Beschleunigung der Prozess- und Systemoptimierung führen. Die Kooperation zwischen Fachseite und IT wird dadurch enorm gestärkt – mit allen positiven Effekten auf die Effizienz des Gesamtunternehmens. Der Nutzen des Meta Data Managements kann vor diesem Hintergrund gar nicht hoch genug bewertet werden.

3.9 Outsourcing

Tipp

Wenn Sie Ihre BI-Initiative zur völligen Bedeutungslosigkeit verurteilen wollen, dann müssen Sie dieses Thema outsourcen.

Möglichst an einen IT-Dienstleister ohne BI-Kompetenz. ☺

Scherz beiseite: Outsourcing ist eine Option für Prozesse, die schon »funktionieren« und deren bloße Umsetzung jemand anderem übertragen werden kann. Im Bereich BI gilt das vielleicht für den reinen Betrieb.

Der klassische Fehler von Outsourcing-Projekten, die den Ansatz verfolgen, alles, was im Unternehmen nicht sauber prozessiert werden kann, einem externen Dienstleister zu überlassen (nach dem Motto: »Soll der sich doch drum kümmern – er wird ja dafür bezahlt«), versetzt einem BI-Projekt mit an Sicherheit grenzender Wahrscheinlichkeit den Todesstoß.

Der Grund dafür ist einfach: BI ist nie »fertig«. Genauso wenig wie Ihr gesamtes Unternehmen, Ihr Wachstum, Ihre Strategieänderungen, Ihre Prozessanpassungen usw.

Business Intelligence ist ein Unternehmensprozess, ein Spiegelbild Ihres Unternehmens im aktuellen Status, im Idealfall mit einer Abbildung der möglichen Zukunft. BI und operatives Business müssen dafür sehr eng miteinander verzahnt sein, Anpassungen müssen kurzfristig möglich sein. Ein zwischengeschalteter Dienstleister, der in der Regel seine eigenen internen Prozesshemmnisse mitbringt, wirkt hier wie ein Bremsklotz, der am Ende jede sinnvolle Arbeit an BI-Themen verhindert, gleichzeitig aber die Hoheit über einen Ihrer erfolgskritischsten Prozesse innehat.

Hinweis

Business Intelligence kann nicht ausgegliedert werden!

3.10 Architektur

Bevor mit dem Aufbau von Business Intelligence begonnen werden kann, müssen grundsätzliche Fragestellungen zur Architektur der IT-Systeme beantwortet werden. Auch wenn Business Intelligence-Projekte vornehmlich keine Technologieprojekte sind, so spielen IT-Systeme natürlich eine große Rolle. Mögliche Architekturen hängen in hohem Maße von den Zielen ab, die erreicht werden sollen.

Es ist ein großer Unterschied, ob ein einfaches Reporting-System benötigt wird, das z.B. täglich Daten verarbeitet und standardisierte Reports liefert, oder ein Realtime-System, das im Sekundentakt berechnete Information am Point of Sales (POS) zur Verfügung stellt.

Insofern hängt die Architektur stark von der Branche, Strategie und anderen allgemeinen Aspekten des Unternehmens ab. Im Idealfall verfügt das Unternehmen schon über eine an diesen Fragestellungen orientierte IT- und/oder BI-Strategie. Sollte eine dieser Voraussetzungen beim Start eines BI-Projektes fehlen, so muss sie unbedingt spätestens parallel zum Start des Projektes geschaffen werden.

Versäumnisse und Fehler in dieser Phase haben gravierende negative Auswirkungen auf DWH bzw. BI und können nachträglich praktisch nicht oder nur mit sehr hohem Aufwand behoben werden.

Im Idealfall können im Rahmen eines Vorprojektes alle relevanten Fragen zur Architektur beantwortet werden, sodass diese Diskussion innerhalb der Hauptprojekte nicht erneut geführt werden muss.

3.10.1 Heterogene IT-Landschaft

Der Klassiker beim Aufbau von DWH und BI ist die Zusammenführung unterschiedlicher Systeme in eine konsolidierte Gesamtarchitektur zum Zweck des konsolidierten Reportings auf einer übergeordneten Ebene. Diese Aufgabe ist immer anspruchsvoll, stellt aber natürlich mit zunehmender Anzahl und geringer Kompatibilität der beteiligten Systeme eine größer werdende Herausforderung dar.

In vielen Fällen werden bei der Zusammenführung der Systeme in erster Linie die Bewegungsdaten betrachtet und die Stammdaten vernachlässigt. Dabei liegt gerade in der Stammdatenharmonisierung der entscheidende Aspekt in Bezug auf die Datenqualität des späteren Gesamtsystems. Diesen Punkt haben wir weiter oben in Zusammenhang mit dem Aufbau von KIO-Servern schon beleuchtet; er sollte an dieser Stelle aber nochmals erwähnt werden, weil in der Nichtbeachtung der Stammdatenharmonisierung im Zuge von Systemkonsolidierungen eine beliebte Fehlerquelle von BI-Projekten mit »Show-Stopper«-Qualität liegt.

Im Idealfall werden alle operativen und dispositiven Systeme über eine dedizierte KIO-Server-Architektur mit

- Kundenstammdaten
- Produktstammdaten
- Organisationsstammdaten
- virtuellen Berichtsstrukturen

versorgt, die diese Daten in einem permanenten Online-Prozess synchron hält.

Die Mehraufwände, die anfangs in den Aufbau dieser Struktur investiert werden müssen, amortisieren sich in kürzester Zeit durch

- einen signifikanten Zugewinn an Datenqualität
- geringere Abstimmungsaufwände
- zielgenauere Maßnahmenableitung
- konkrete Business Benefits

Vor der Aufgabe einer umfassenden Stammdatenkonsolidierung herrscht in den meisten Unternehmen erheblicher »Respekt«. Dabei wird davon ausgegangen, dass vor einer Nutzung der positiven Effekte dieser Maßnahme alle Stammdaten über alle Systeme bearbeitet werden müssen und erst danach auf diese Konsolidierung aufgesetzt werden kann. Da die gesamte Aufgabe erhebliche Zeit in Anspruch nehmen würde, in der keine direkten Business Benefits festzustellen wären, werden für einen solchen Ansatz in den seltensten Fällen die Mittel freigegeben. Und realistisch betrachtet muss der Ansatz einer der BI-Initiative vorgelagerten, kompletten Konsolidierung von Stammdaten scheitern, weil sich die Rahmenbedingungen während der Projektlaufzeit permanent ändern. Die »Moving Targets« würden am Ende nicht »getroffen« werden, die BI-Initiative selbst wäre gefährdet, und die IT-Abteilung erleidet einen neuerlichen dramatischen Imageverlust, der weitere Anläufe zur Einführung von Business Intelligence für längere Zeit unmöglich machen würde.

Die Lösung dieses Problems liegt in der Parallelisierung von mittel- und langfristigen Anforderungen an den strategischen Aufbau von Business Intelligence mit der Realisierung von Quick Wins. Wie eine solche Parallelisierung aufgebaut werden kann, beschreiben wir ausführlich in Kapitel 10.

3.10.2 Fehlende oder instabile Schnittstellen

Ein weiterer Klassiker für das Scheitern von BI-Projekten sind fehlende oder instabile Schnittstellen. Obwohl es heute ausgezeichnete

Tools und Methoden zur Datenintegration gibt, erleben wir auch heute noch sogar in Großunternehmen, dass (oft dezentrale) Reporting-Systeme über manuelle Datenabzüge in Form von File-Transfers mit Daten beliefert werden. Der Vollständigkeit halber sollen hier nochmals die gravierendsten Nachteile dieser Bereitstellungsart genannt werden:

- Hohe Fehleranfälligkeit

- Mögliche Manipulationen

- Unsichere Übertragung

- Geringe Datensicherheit

- Geringe Datenschutzmöglichkeiten

- Geringe Reporting-Sicherheit

- Hohe Aufwände bei Fehlerkorrekturen

- Hohe Aufwände bei Veränderungen im Quellsystem

- Oftmals fehlende Kommunikation

- Keine definierten Regelprozesse

Der Abzug von Daten in einem fest definierten Format per Direktzugriff auf eine Datenbank durch den DWH-Betrieb sollte heute der absolute Mindeststandard sein. Hierzu existiert eine Bandbreite an technologischen Möglichkeiten vom einfachen Datenbank-View bis hin zur »echten« Online Schnittstelle mittels Webservices. Im Idealfall steht eine auf die Integration von Unternehmensdaten spezialisierte Plattform zur Verfügung.

In jedem Fall sollten schriftliche Schnittstellenvereinbarungen mit allen Beteiligten unterzeichnet werden, die mindestens Folgendes regeln:

- Gültigkeitsbereich der Schnittstellenvereinbarung
  - Systeme
  - Beginn/Ende
  - Organisationen

- Datenlieferant und -empfänger – fachlich
- Datenlieferant und -empfänger – technisch
- Datenquellen mit Angabe über
  - Datenbanken
  - Tabellen
  - Felder
  - Formate
- Art des Zugriffs
  - Zugriffsberechtigungen
  - Zugangsdaten
  - Zugangszeiten/Wartungsfenster
- Störungen
  - Regelungen zu Nachlieferungen
  - Service Level Agreements des jeweiligen Betriebs (Erreichbarkeiten, garantierte Verfügbarkeiten, Wartungsfenster etc.)
- Prüfkriterien über die Qualität der Lieferung
- Kommunikationspflichten

Diese Empfehlungen gelten sowohl für interne als auch für externe Daten, die per Schnittstelle in ein DWH geladen werden.

3.10.3 Fehlende oder veraltete Architekturkonzepte

Die technologische Grundlage eines BI-Systems ist in der Regel eine von den operativen Systemen isolierte, zusätzliche Datenhaltung. Um einen aktuellen und gesamtheitlichen Blick auf ein Unternehmen zu ermöglichen, ist meist die Etablierung eines zentralen Data Warehouses (DWH, deutsch: Datenlager) sinnvoll, das eine unternehmensweite Datenbasis für alle Geschäftsbereiche abbildet. Das DWH realisiert dabei eine Sammlung von unternehmensrelevanten Daten aus heterogenen Quellen, die in integrierter und einheitlicher Form zur Verfügung gestellt werden.

In einem DWH werden Daten nicht überschrieben oder gelöscht, wodurch komplexe Analysen mit zeitlichem Bezug durchführbar sind. Hierbei kommen OLAP oder Data Mining-Werkzeuge zum Einsatz.

Für die architektonische Umsetzung sollte ein Architekturkonzept entwickelt werden, das sich an Kriterien wie Unternehmensgröße und Heterogenität der Anforderungen der jeweiligen Fachbereiche ausrichtet.

Vielfach fehlt ein übergreifendes Architekturkonzept, das die hierfür relevanten Kriterien berücksichtigt. Aktuellen Studien zufolge wissen ca. 11 Prozent der Unternehmen mit BI-Lösungen in relevanter Größenordnung nicht, welche Architektur den Lösungen zugrunde liegt. Weitere 5 Prozent fühlen sich nicht in der Lage, ihre Architektur in eine der üblichen und bekannten Architekturkonzepte einzuordnen. In diesen Fällen muss davon ausgegangen werden , dass wir es mit einer heterogenen »Spaghetti«-Architektur zu tun haben, die bestenfalls Teile aus Architekturkonzepten verwendet, welche aber nicht in ein übergreifendes Konzept integriert wurden.

Die sogenannte Hub & Spoke-Architektur (deutsch: Nabe und Speiche) hat sich bewährt, wenn das DWH als zentrale Plattform für verschiedene Unternehmensteile genutzt werden soll, die jeweils unterschiedliche Blickwinkel auf den Datenbestand haben. Über 40 Prozent der BI-Lösungen in Unternehmen basieren auf diesem Konzept.

Hub & Spoke steht für eine Data Warehouse-Architektur (vgl. Abschnitt 4.3.3), bei der die zur Verfügung stehenden Datenquellen im Data Warehouse aus einzelnen Datenquellen zusammengeführt, bereinigt und historisiert werden, um einen konsistenten Datenbestand des Unternehmens zur Verfügung zu stellen (Single Point of Truth (SPOT), vgl. Kapitel 6). Aus dem konsistenten Datenbestand (Hub) werden in der Regel abteilungsbezogene Data Marts (Spokes) erzeugt.

Die Datenbasis von Data Marts beschränkt sich auf Unternehmensteile, z.B. auf Abteilungen, Bereiche, Produktsparten. Durch Data Marts erhält eine Hub & Spoke-Architektur ihren modularen Charakter und bietet somit eine gute Möglichkeit, BI-Lösungen anhand einer ausgewählten Datenbasis in vergleichsweise kurzer Zeit zu implementieren.

3.10.4 Real Time Data Warehouse

Historisch diente das Data Warehouse in erster Linie der Beantwortung von Fragen mit taktischer Bedeutung, um mittel- und langfristige Entscheidungen mit aussagekräftigen Informationen zu unterstützen (vgl. Abschnitt 4.6.1).

In den letzten Jahren hat sich eine zunehmende Entwicklung hin zum Real Time Data Warehouse vollzogen. Die grundlegende Idee hierbei ist, durch entsprechende Anpassung und Erweiterung der DWH-Architektur das Informationspotenzial für einen größeren Anwenderkreis nutzbar zu machen, der auch Bedarf an zeitkritischen Analysen hat. In erster Linie kommen hierzu Echtzeit-Daten (Real Time) und Nahe-Echtzeit-Daten (Near Real Time) neben den klassischen historischen Daten zum Einsatz.

In Branchen wie beispielsweise der Telekommunikation oder dem Einzelhandel besteht hierbei der Anspruch, für bestimmte Anwendungsbereiche sofort verfügbare Daten unter Wahrung der Trennung von operativen und auswertenden Systemen für Analysen bereitzustellen.

Diese vergleichsweise neue Entwicklung (auch »operatives BI« genannt, vgl. Abschnitt 4.6.1) bedingt den Einsatz neuer Technologie, die eine rasche und effiziente Anfragebearbeitung und eine reduzierte Dauer der Datenintegration ermöglicht.

Ein Anwendungsfall hierfür ist das Business Activity Monitoring (BAM), das die Sammlung von Analysen und Präsentationen über zeitrelevante Geschäftsprozesse in Organisationen bezeichnet.

Hierbei werden detaillierte Informationen über den Status und die Ergebnisse von zeitkritischen Operationen, Prozessen und Transaktionen gesammelt, sodass Geschäftsentscheidungen vorbereitet und Probleme schnell adressiert werden können.

Das Ziel ist üblicherweise, sofortige Aussagen über den Zustand von Geschäftsprozessen auf Systemebene liefern zu können, beispielsweise »Geschäftsprozess xy überlastet«, »hohe Antwortzeiten aus Endbenutzersicht«, »Überschreitung von Service Level Agreement xy«. Diese Aussagen werden unmittelbar an die zuständigen Instanzen gemeldet und bilden so ein Monitoring für Geschäftsprozesse auf Systemebene.

Ein weiterer Anwendungsfall für das Real Time Data Warehouse ist das Active Data Warehouse oder Active BI.

Konventionelle Architekturkonzepte verstehen das DWH als passive Komponente, das dem Bedarf entsprechend entscheidungsrelevante Informationen zur Verfügung stellt und auf Benutzerzugriffe mit der Bereitstellung der abgefragten Inhalte reagiert. Im Gegensatz hierzu muss das Active Data Warehouse bei Eintreten relevanter und vorab definierter Datenkonstellationen selbstständig Nachrichten an einen spezifischen Personenkreis versenden können. Ebenfalls kann die Initiierung von operativen Geschäftsprozessen wie bestimmten Bearbeitungsroutinen durch ein solches »aktives« DWH erfolgen.

Dies setzt einen Real Time- bzw. Near Real Time-Ansatz voraus, der es ermöglicht, auch im Data Warehouse Daten nahezu in Echtzeit bereitzustellen.

Der Begriff Real Time ist meist eher missverständlich, da in der Regel weder die Anforderung noch der Anspruch einer Bereitstellung in Echtzeit besteht. Allerdings machen die beschriebenen Anwendungsbeispiele deutlich, dass hierfür in der Tat hochaktuelle Daten erforderlich sind. Teilweise findet daher auch der Begriff Right Time oder Near Real Time Data Warehouse Verwendung.

Im Rahmen der möglichen Architekturen für Real Time-Anwendungen gewinnt das Konzept der serviceorientierten Architektur (SOA, vgl. Abschnitt 8.2) in diesem Zusammenhang zunehmend an Bedeutung.

Durch den modularen Charakter der SOA-Technologie besteht die Möglichkeit, direkt aus den operativen Prozessen Kennzahlen zur Unternehmenssteuerung zu gewinnen.

Auch die herkömmlichen Intervalle des klassischen Beladungsprozesses (ETL-Prozess) reichen für dieses Konzept nicht mehr aus. Neue technologische Konzepte (vgl. F. Schröder, »ETL-Konzepte für neue DW-Architekturen«, BI-Spektrum 04-2008) setzen Techniken der Datenkonsolidierung ein (batchorientierte Konzepte), stützen sich auf Vorgehensweisen der Datenpropagierung mittels Einsatz von Middleware (kontinuierliche Konzepte) oder verwenden Techniken der Datenföderation, wobei der aktuelle Datenbestand nur bei Bedarf abgerufen wird (anfragegesteuerte Konzepte).

Aufgrund des anspruchsvollen Technologiekonzeptes ergeben sich für ein Real Time Data Warehouse einige nicht zu unterschätzende Risiken im Bereich Datenvolumina, Performance und Ressourcen. Darüber hinaus steht für den sinnvollen Einsatz von Real Time Data Warehouses vor allem ein gesteigerter Qualitätsanspruch an zwei BI-Systembereiche im Vordergrund:

- an die Verfügbarkeit: Hochverfügbarkeit wird auch im BI-Umfeld zunehmend eine zwingende Notwendigkeit.

- an die Datenqualität: Bedingt durch den Echtzeitansatz müssen falsche Daten, die zu Entscheidungen führen, unmittelbar korrigiert werden bzw. muss deren Fehlerhaftigkeit durch Systemeigenschaften verhindert werden.

3.11 Datenqualität

Datenqualität ist eine wesentliche Voraussetzung, um gespeicherte Daten in wertvolle Information umwandeln zu können. Eine schlechte Datenqualität wird mittel- bis langfristig eine negative Kettenreaktion zur Folge haben: Zunächst führt dies zu einem Vertrauensverlust der Anwender in die gewonnenen Daten. Damit geht die verminderte Nutzung der BI-Anwendung einher, sodass das volle Potenzial der Anwendung nicht abgerufen wird. Ist es schließlich soweit gekommen, dass der Anwender den Eindruck hat, fehlerhafte Resultate vor sich zu sehen, wird er die gesamte Investition in Frage stellen. Jedes noch so ambitionierte BI-Projekt kann letztlich hieran scheitern.

Umso ernüchternder ist die Feststellung, dass Daten mit schlechter Qualität eher die Regel als die Ausnahme bilden, wie die Gartner-Studie (vgl. Abschnitt 1.5.1) belegt.

Datenqualität und alle damit in Verbindung stehenden Themen sind im Zusammenhang mit Business Intelligence ein herausragender Aspekt, dem man nicht genug Aufmerksamkeit widmen kann. Es sollte jedem bewusst sein, dass Datenqualität kein reines IT-Thema ist, sondern von anderen Aspekten in hohem Maße beeinflusst wird:

■ **Unternehmenskultur**
→ Sind Mitarbeiter überhaupt daran interessiert, hohe Datenqualität zu erzeugen?

→ Wenn nicht, warum nicht? Liegt eventuell ein Zielkonflikt z.B. im Zusammenhang mit der individuellen Zielerreichung vor?

→ Gibt es Richtlinien, die festlegen, wer die Verantwortung für bestimmte Daten und ihre Qualität trägt?

■ **Prozesse**
→ Welche Daten entstehen am Ende von Prozessketten?

■ **Workflows in operativen Systemen**
→ Bilden die Systeme das Geschäft so ab, wie es gelebt wird, oder muss ein Mitarbeiter ein System »verbiegen«, um die Realität abzubilden?

→ Werden schon bei der Dateneingabe alle möglichen Plausibilitätsprüfungen durchgeführt?

→ Wird bei der Planung und Implementierung von operativen Systemen berücksichtigt, dass die verarbeiteten Daten für Business Intelligence-Anwendungen zur Verfügung gestellt werden?

Für hohe Datenqualität im Reporting sind alle im Unternehmen verantwortlich. Die IT bildet lediglich das Ergebnis der diesbezüglichen Bemühungen ab. Dabei können und müssen natürlich alle automatisierbaren Plausibilitätsprüfungen seitens der IT durchgeführt werden. Aber schon bei der Definition der hierfür benötigten Regeln ist die IT immer auf die Mitarbeit der Fachbereiche angewiesen. Ein Datenbankprogrammierer kann und soll nicht entscheiden, welche Eingaben von Sales oder Marketing in operative Systeme korrekt sind und welche nicht. Diese Information muss aus den Fachbereichen selbst kommen.

3.11.1 Definition und Bedeutung

Total Quality Management (TQM) definiert Qualität als das beständige Erfüllen von Kundenerwartungen. Die Kunden von Business Intelligence sind ihre Anwender und Nutzer. Die Erwartungen und Anforderungen der Kunden werden erfüllt, wenn die Datenqualität festgelegten Anforderungen entspricht.

Grundsätzlich lassen sich drei Kategorien von Qualitätsanforderungen unterscheiden:

- Qualität der Datendefinition
  → Jedes Datenelement muss definiert werden nach
  - Name
  - Geschäftsregel
  - Bedeutung
  - Quelle
  - Definitionsbereich.
- Qualität der Dateninhalte
  → Die Qualität gespeicherter Daten zu einem bestimmten Zeitpunkt wird bestimmt durch

- ▓ Genauigkeit
- ▓ Vollständigkeit
- ▓ Aktualität
- ▓ Konsistenz.
- ■ Qualität der Präsentation
  → Hierunter werden alle Aspekte subsumiert, die mit der
  - ▓ Darstellung
  - ▓ Speicherung
  von Daten zusammenhängen.

Wer definiert Datenqualität?

Datenqualität ist keine Eigenschaft an sich, sondern reflektiert immer den Kontext der Verwendung. In operativen Systemen unterliegen die Daten anderen Anforderungen als in einem Data Warehouse- und Business Intelligence-System. Dieser Unterschied ergibt sich aus den unterschiedlichen Aufgaben von operativen und dispositiven Systemen: Operative Systeme unterstützen Geschäftsprozesse entlang der Wertschöpfungskette. In diesem Kontext sind beispielsweise die Gründe für den erfolgreichen Abschluss eines Sales-Mitarbeiters vergleichsweise sekundär. Das zugehörige Feld im CRM-System kann vom Benutzer nach Belieben gefüllt werden oder eben nicht.

Im Data Warehouse-Umfeld ändern sich die Anforderungen: Im Regelfall werden hier an die Daten höhere Anforderungen gestellt. Felder (Attribute), die im operativen Kontext eine untergeordnete Bedeutung hatten, werden nun zu essenziellen Kriterien der Auswahl. Aber auch der umgekehrte Fall ist denkbar. Eine Speicherung der kaufmännischen Daten auf Belegebene ist im Normalfall für ein Data Warehouse nicht notwendig.

Für die operativen Systeme innerhalb eines Sales-Prozesses lassen sich beispielhaft folgende Qualitätsniveaus definieren:

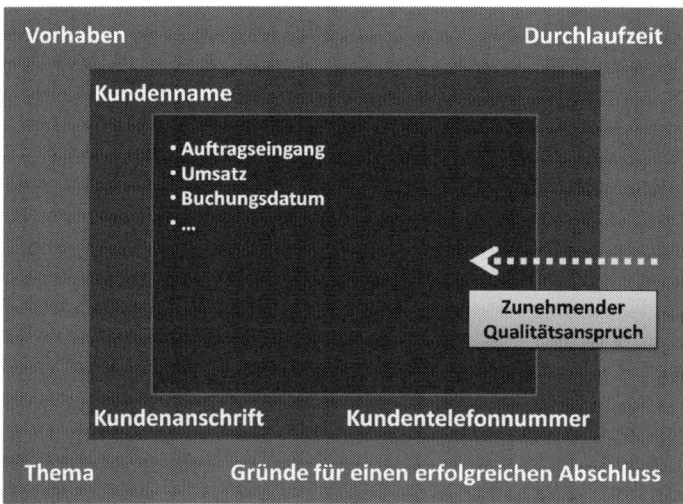

Abb. 3.3:   Datenqualitätsanspruch aus Sicht operativer Systeme

Aus der Perspektive von Data Warehouse und Business Intelligence ändert sich der Qualitätsanspruch:

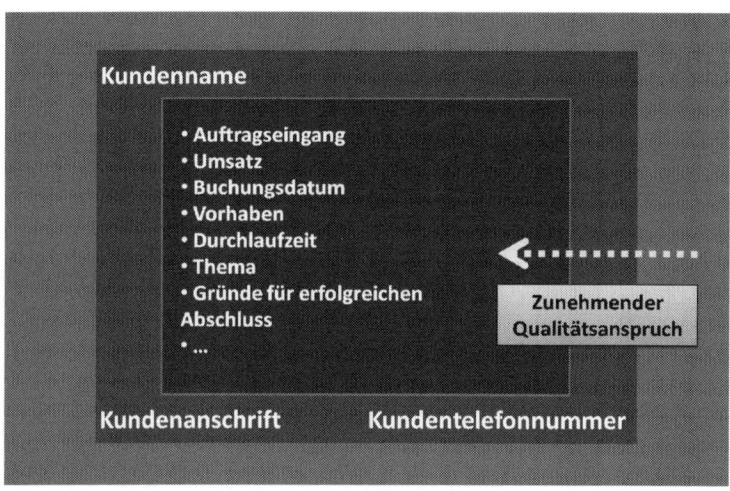

Abb. 3.4:   Datenqualitätsanspruch aus Sicht dispositiver Systeme

Aufgrund der unterschiedlichen Perspektiven, aus denen operative und dispositive Systeme Daten betrachten und verwenden, wird der Datenfluss bis in das Data Warehouse oftmals nicht berücksichtigt. Bisher wurde bei der Planung und Implementierung von operativen Systemen wenig bis gar nicht berücksichtigt, dass die verarbeiteten Daten für Business Intelligence-Anwendungen zur Verfügung gestellt werden.

Es ist ein Trugschluss zu glauben, dass durch die teilweise recht hohe Verdichtung (Aggregation) von Datensätzen in einem Data Warehouse Fehler auf Einzelsatzebene weniger ins Gewicht fallen. Das Gegenteil ist der Fall: Ungenauigkeiten und Fehler, die auf Einzelsatzebene kaum auffallen, summieren sich im Data Warehouse zu falschen Aussagen und können die Fähigkeit eines Unternehmens, die aktuellen und zukünftigen Geschäftsprobleme zu verstehen, zumindest gefährden.

Um Datenqualität messbar zu machen, müssen in einem ersten Schritt unternehmensweit Qualitätsstandards festgelegt werden. Auch hierbei ist es sinnvoll, die Fachbereiche und ihre Anforderungen zur Qualität der zu verarbeitenden Daten mit einzubeziehen. Neben der Dokumentation der Prüfmethoden und -intervalle sollte bei der Spezifikation möglichst auf die Überprüfbarkeit geachtet werden.

3.11.2 Hohe Datenqualität und Business Intelligence

Im Rahmen von BI-Projekten wird zwischen 70 % und 80 % des Budgets für Extraktion, Transformation und Reinigung von Daten ausgegeben. Der mit Abstand größte Teil dieses Aufwandes fällt aufgrund schlechter Datenqualität aus den Quellsystemen der Datenbereinigung zu. Eine hohe Datenqualität in operativen Quellsystemen und dem Data Warehouse über alle Ebenen entscheidet aber über

- die Akzeptanz des Reportings im Unternehmen
- die Nutzung der Reports in der täglichen Arbeit durch die User
- die Fähigkeit, fundierte Entscheidungen zu fällen

- die Fähigkeit, Strategien langfristig formulieren zu können

- die Höhe der Kosten eines BI-Projektes

- die primäre Frage, ob durch Business Intelligence ein Mehrwert im Unternehmen erzeugt werden kann,

und ist damit ein Aspekt der Existenzberechtigung von Business Intelligence insgesamt. Ein BI-System, das dauerhaft schlechte Datenqualität liefert, wird zu Recht eines Tages abgeschaltet werden.

3.11.3 Hohe Datenqualität und Ihr Unternehmen

Entsprechend der engen Verzahnung von Unternehmensstrategie und Business Intelligence hat eine hohe Datenqualität auch auf Unternehmensebene sehr große Bedeutung. Wenn ein Unternehmen sich entschieden hat, wichtige Steuerungsgrößen mithilfe von BI zu ermitteln, ist automatisch die aus den ermittelten Werten abgeleitete Maßnahmenplanung maximal so gut wie die Qualität der gelieferten Informationen. Im schlechtesten Fall, wenn die Unternehmenssteuerung ausschließlich auf Basis automatisiert ermittelter Kennzahlen und KPIs erfolgt und die Datenqualität schlecht ist, werden völlig falsche Entscheidungen getroffen.

Dieser »worst case« wird in der Regel jedoch auch bei schlechtester Datenqualität nicht eintreten, weil Topmanager sich natürlich nicht nur auf Systeme – und schon gar nicht auf nur ein System – verlassen. Diese Tatsache sollte aber niemals dazu führen, dass die Bedeutung einer hohen Datenqualität, die von der hohen Qualität der operativen Prozesse über die komplette Kette der Datenverarbeitung bis zum fertigen Report abhängt, vernachlässigt wird. Mängel in der Datenqualität legen immer die Schwachstellen in einem Unternehmen offen und liefern damit automatisch ein wertvolles Optimierungspotenzial, das aus eigener Kraft gehoben werden kann. Daher muss der Datenqualität als Indikator für Optimierungspotenzial im gesamten Unternehmen ein sehr großer Stellenwert eingeräumt werden.

3.11.4 Wie entsteht schlechte Datenqualität?

Beispiel Einzelhandel

■ Ausgangssituation

▪ Eine Apothekenkette verkauft über ein Filialnetz mit 100 Geschäften pharmazeutische Artikel.

▪ Die monatlichen Verkaufsdaten sollen in ein Data Warehouse geladen werden, um den Artikelabverkauf zu analysieren.

▪ Jede Filiale meldet 4- bis 5-mal monatlich ihre Verkaufsdaten an die Zentrale.

▪ Zu welchem Zeitpunkt die Verkaufsdaten versendet werden müssen, ist nicht festgelegt. Es ist lediglich der letztmögliche Versendezeitpunkt vorgeschrieben: Die letzte Meldung muss bis zum Ende der Arbeitswoche nach Monatsende eingegangen sein.

→ Eine Gewährleistung, dass jede Filiale alle Verkaufsdaten gemeldet hat, ist nicht gegeben.

■ Folgen

▪ Somit gibt es weder organisatorische Maßnahmen, um die Vollständigkeit der Daten sicherzustellen, noch wurde festgelegt, auf wie viel Datensätze verzichtet werden kann.

▪ Der Anwender weiß nicht, auf Basis welcher Verkaufszahlen sich die bereitgestellten Auswertungen beziehen. Der Vergleich von Kennzahlen (beispielsweise zum Vormonat) ist nicht möglich.

Beispiel Sales-Systeme (CRM)

■ Ausgangssituation

▪ Der Workflow eines CRM-Systems sieht vor, dass Kundenprojekte anhand eines fünfstufigen Modells vor Vertragsabschluss verschiedene Quality Gates durchlaufen, die durch die Sales-Mitarbeiter im CRM-System gepflegt werden.

- ▨ Die Stufen des Modells (Quality Gates) müssen im System nicht immer von 1 bis 5 durchlaufen werden, sondern können auch z.B. von 2 auf 5 oder bei der Ersterfassung direkt auf eine beliebige Stufe gesetzt werden.

- ▨ Alle Sales-Mitarbeiter haben ein persönliches Interesse an kurzen Projektdurchlaufzeiten.

- ▨ Die Berechnung der Projektdurchlaufzeiten für die Zielerreichung der Sales-Mitarbeiter erfolgt auf Basis der Stufenwechsel im CRM-System.

  → Sales-Mitarbeiter erreichen ihr persönliches Ziel am besten, indem sie Kundenprojekte erst dann im System hinterlegen, wenn der vertriebliche Erfolg für sie schon absehbar ist, obwohl das Projekt in der Realität schon länger bearbeitet wird.

- ■ Folgen

  - ▨ Das CRM-System zeigt zu keinem Zeitpunkt die real in Bearbeitung befindlichen Kundenprojekte.

  - ▨ Alle auf die CRM-Daten aufsetzenden Kennzahlen und Reports sind falsch:
    - Die Durchlaufzeiten selbst entsprechen nicht der Realität.
    - Die aktuelle Pipeline stimmt nicht.
    - Maßnahmen der Sales-Steuerung zielen in die falsche Richtung.
    - Das Monitoring vertrieblicher Maßnahmen ist falsch.
    - Der Forecast des Auftragseingangs ist falsch.
    - Die Berechnung der Individualzielerreichung im Sales entspricht nicht der tatsächlichen vertrieblichen Leistung.

In diesem Beispiel sind die Umsetzungen zweier zentraler unternehmerischer Ziele nicht harmonisiert:

- ■ Hohe Schlagkraft des operativen Sales

  → Motivation durch Belohnung schneller Sales-Erfolge

- ■ Effiziente Sales- und Unternehmenssteuerung

→ Hohe Datenqualität mit dem Ziel einer realistischen Abbildung des Unternehmens

Tipp

Würde man versuchen, von dem im System abgebildeten Workflow auf die ursprüngliche Anforderung zurückzuschließen, so hätte die Anforderung der Fachseite Sales ungefähr so lauten müssen:

> *»Das CRM-System muss den vertrieblichen Workflow möglichst ungenau abbilden, um eine schlechte Qualität der Kundenprojektdaten zu liefern mit dem Ziel, Sales-Mitarbeitern eine realitätsferne, optimale individuelle Zielerreichung zu ermöglichen und gleichzeitig die zentrale Sales-Steuerung handlungsunfähig zu machen«.* ☺

Die Auflösung des Zielkonfliktes mit all seinen negativen Konsequenzen wäre in diesem Beispiel durch vergleichsweise einfache Maßnahmen möglich:

- Durchlaufen aller Quality Gates beginnend mit Stufe 1 als Pflichtprozess im System
- Plausibilitätsprüfung der Datumsangaben bei Stage-Wechseln

Diese Maßnahmen können mit dem Ziel vereinfachten Tool-Handlings und Verringerung des Pflegeaufwandes durch Sales weiter verfeinert werden:

- Automatisierte Bestimmung eines Kundenprojekttyps anhand spezifizierter Kriterien nach
  - Kundengruppe
  - Produktgruppe
  - Auftragsvolumen
  - Laufzeit
  - ...
- Typabhängiger Workflow mit vorgegebenen Stage-Wechseln und typspezifischen Plausibilitätsprüfungen

Solche Optimierungen können aber nur bereichsübergreifend eingeführt und nicht von der IT alleine als internem Dienstleister erbracht
werden.

3.11.5 Verbesserung der Datenqualität

Bereichsübergreifende Kooperation

Die Erreichung einer hohen Datenqualität mit einer eventuell vorgelagerten Prozessoptimierung ist in der Regel nur durch Kooperation
verschiedener Bereiche im Unternehmen möglich. In dem oben
beschriebenen Beispiel eines CRM-Systems erfordert die Abstimmung von verbindlichen Handlungsanweisungen an alle Sales-Mitarbeiter sowie die Abbildung eines entsprechenden Workflows im CRM-
System mindestens die Zusammenarbeit von Sales und IT in Abstimmung mit Sozialpartner und Datenschutz sowie eventuell Human
Resources oder Business Development (Individualzielerreichung), die
das Vorgehensmodell gemeinsam erarbeiten, verabschieden und in
der Organisation kommunizieren.

Das heißt, dass Datenqualität ganz im Sinne der TQM-Definition ein
Prozess ist, der das ganze Unternehmen betrifft, und ein Ziel darstellt,
das nur durch Kooperation und zielgerichtete Anstrengungen erreicht
werden kann.

Damit ist Datenqualität ein Managementthema, weil nur auf Anforderung der Topmanager die notwendige Bündelung der Kräfte erfolgen
kann.

Datenqualität ist ein Prozess

In den meisten Unternehmen fehlen Strategien zur Erhaltung und
nachhaltigen Verbesserung der Qualität der geschäftskritischen
Daten. Existierende Ansätze, die einen ganzheitlichen Datenqualitätskreislauf formulieren wie beispielsweise das Data Quality Life Cycle
Management oder Total Data Quality Management (Richard Y. Wang:
A Product Perspective on Total Data Quality Management. Communications of the ACM, 1998) werden noch kaum flächendeckend eingesetzt.

Die einmalige Bereinigung von Daten im Anschluss an den Ladeprozess im Data Warehouse ist nicht ausreichend. Vielmehr wird eine dauerhafte Verbesserung der Datenqualität nur durch einen Regelkreis sich ständig wiederholender Datenpflegeschritte mittels diverser IT-gestützter Werkzeuge erreicht. Hierbei ist es essenziell, dass jeder einzelne Prozessschritt permanent beobachtet und eingehalten wird (vgl. Abschnitt 7.2).

Am Beispiel eines typisierten Datenqualitätskreislaufs von Gert Serwas und Holger Wandt (BI Spektrum, Ausgabe 1, 2. Jahrgang 2007) sind die Phasen eines derartigen permanenten Prozesses skizziert:

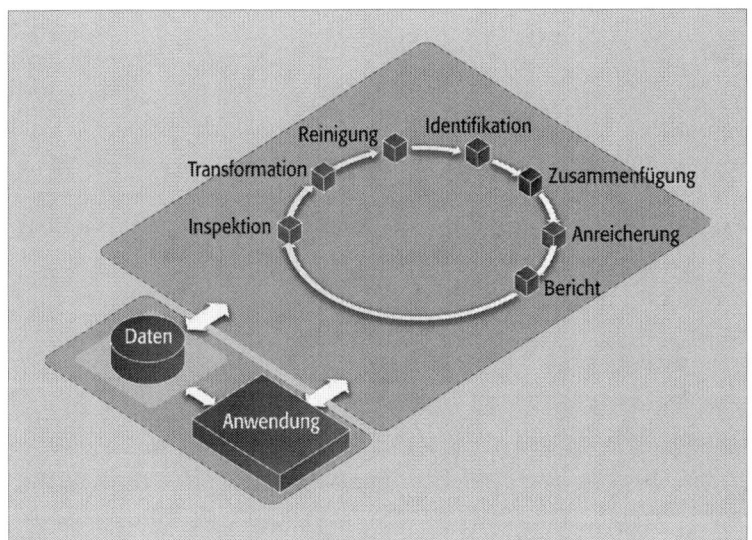

Abb. 3.5:   Datenqualitätskreislauf nach Serwas/Wandt

Data Governance

In weiten Teilen werden Daten immer noch ausschließlich im Zusammenhang mit IT-gestützten operativen Geschäftsprozessen wahrgenommen. Diese Sichtweise blendet die Tatsache aus, dass Daten wichtige Produktionsfaktoren sind. Sie sind ein wertvoller Rohstoff eines Unternehmens, dessen Produktion, Verwendung und Qualität bewusst und aktiv gemangt werden muss. Dies muss sich in einem Regelwerk niederschlagen, beispielsweise im Rahmen einer IT-Governance, in dem Richtlinien, Verantwortlichkeiten und zu erreichende Ziele festgehalten werden.

In der Governance sollte auf die Weiterverwendung von Daten jenseits der operativen Geschäftsprozesse in entsprechenden dispositiven Prozessen (Informations- und Entscheidungsprozessen) reflektiert werden, und es sollten dokumentierte Regeln zum Datenmanagement definiert werden.

In diesem Zusammenhang ist es sinnvoll, auch den leicht missverständlichen Begriff der Daten-Ownerschaft genau zu definieren. Hierbei geht es keinesfalls darum, dass Daten Besitz einer Fachabteilung oder eines Mitarbeiters sind. Vielmehr soll dies eine gewisse Verantwortung für die Daten widerspiegeln, die in einem bestimmten Bereich erhoben werden. So kann es sinnvoll sein, einen eigens für ein Projekt oder Bereich verantwortlichen Datenqualitätsbeauftragten (einen sogenannten Data Steward) zu benennen, der die Qualität der Daten permanent überwacht, analysiert, verbessert und berichtet. Die eigentliche Verwaltung der Daten aber muss abteilungs- und prozessübergreifend durchgeführt werden.

Einsatz von Data Quality Tools

Werkzeugen zur Verbesserung der Datenqualität (Data Quality Tools), die entlang des skizzierten Datenqualitätskreislaufs eingesetzt werden können, liegt üblicherweise mathematische Logik und Plausibilitätschecks mit entsprechend hinterlegten Regeln zugrunde. Die Forschung auf diesem Gebiet (Gert Serwas und Holger Wandt, BI Spektrum, Ausgabe 1, 2. Jahrgang 2007) hat gezeigt, dass eine weitergehende intelligente Interpretation der Daten zu einem wesentlich höheren Datenqualitätsniveau führen kann.

Moderne Werkzeuge verwenden Wissensverzeichnisse, die eine Vielzahl von Abkürzungen, Akronymen, grammatikalische Regeln, Adjektive, länderspezifische Elemente etc. vorhalten. Diese können dann auch Zuordnungen treffen, die für rein mathematisch basierte Werkzeuge nicht greifbar sind. Beispielsweise sind diese in der Lage, die

Begriffe »ABC GmbH« und »Axxx Byyy Czzz International« einander automatisiert zuzuordnen.

Das ist durchaus nicht selbstverständlich, denn Computer können wie gesagt grundsätzlich nur zwei Dinge besser als Menschen: Rechnen und Speichern. Für den Erfolg eines Vorhabens mit dem Ziel der Implementierung eines intelligenten Reporting-Systems ist es daher essenziell, dass die Daten korrekt, einmalig, exakt und aktuell sind.

3.11.6 Zusammenfassung zur Datenqualität

Das Informationszeitalter stellt nach der Agrargesellschaft und dem Industriezeitalter die dritte (Wirtschafts- und) Gesellschaftsform dar. In ihrem Kern charakterisiert sich diese Phase durch die zentrale Bedeutung von Information als essenzielle Ressource. Sie stellt in der aktuellen Situation den Übergang in die Wissensgesellschaft dar.

Die Bedeutung von Rohstoffen, Energie und Arbeitskräften fällt im Vergleich zu Informationen zunehmend zurück. »Entscheidend für die Wertschöpfung ist stattdessen die Intelligenz, die in ein Gut gesteckt wird.« (Manuel Castells, 2001: Das Informationszeitalter)

Damit die Daten den Unternehmen als wesentliche Produktionsfaktoren und Unternehmenswerte (engl. Asset) dienen können, müssen diese in guter Qualität vorgehalten werden. Ist dies der Fall, so kann Business Intelligence maßgeblich dazu beitragen, die Potenziale dieser wichtigen Ressource zu heben.

Zusammenfassung

- Daten sind eine essenzielle Ressource eines Unternehmens.
- Datenqualität kann durch organisatorische und technologische Methoden systematisch verbessert werden.
- Die Implementierung von Qualitätsstandards ist ein wichtiges Instrument zur Verbesserung der Datenqualität.
- Hohe Datenqualität ist ein Wettbewerbsfaktor.
- Nur bei hoher Datenqualität können die Potenziale der Ressource »Information« mittels BI-Technologien gehoben werden.

Kapitel 4

Referenzmodelle und Architekturen

Dieses Kapitel behandelt folgende Inhalte:

- Klassische Modelle des Data Warehousings
- Basisprozesse in Data Warehousing und Business Intelligence
- Möglichkeiten der Informationsbereitstellung
- Neue Kollaborationsmodelle

Für den Aufbau von Data Warehouse- und Business Intelligence-Systemen lassen sich Referenzen angeben, gegen die bestehende oder zukünftige Lösungen in Bezug auf zu erwartende Erfolgshemmnisse geprüft werden können. Selbstverständlich müssen Systeme an die Realität eines Unternehmens angepasst werden und weichen in der Regel zu Recht von starren Vorgaben ab. Dennoch lassen sich einige Grundprinzipien skizzieren, die sich in jeder soliden Data Warehouse-Architektur, den Datenmodellen, Prozessen usw. wiederfinden sollten.

Die technologischen und methodischen Aspekte des Data Warehousings werden von anderen Autoren umfänglich beschrieben. Da sich dieses Buch in erster Linie auf prozessuale, organisatorische und kulturelle Gesichtspunkte von Business Intelligence konzentriert, verweisen wir für detaillierte Informationen auf die entsprechende Literatur, z.B. von Kemper, Mehanna, Unger 2006: »Business Intelligence – Grundlagen und praktische Anwendungen«.

4.1 Referenzdatenmodell im Data Warehouse

Ein Data Warehouse-Referenzdatenmodell lässt sich wie in der folgenden Abbildung darstellen:

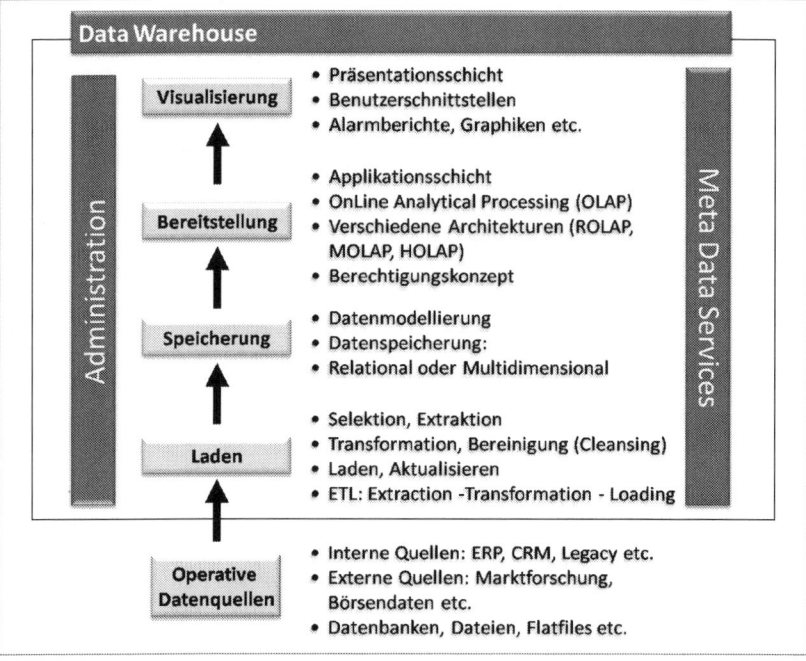

Abb. 4.1: Referenzmodell Data Warehouse

4.2 Regelarchitektur im Data Warehouse

Eine solide DWH-Architektur kann z.B. aussehen wie in Abbildung 4.2. Die wichtigsten Vorteile sind:

- Reporting-Sicherheit – alle reden über dieselben Zahlen.

- Die Realität im Unternehmen wird gespiegelt.

- Transparenz – die Schwachstellen im Unternehmen werden sichtbar.

■ Zielgerichtete Maßnahmenableitung

■ Steuerungsfähigkeit

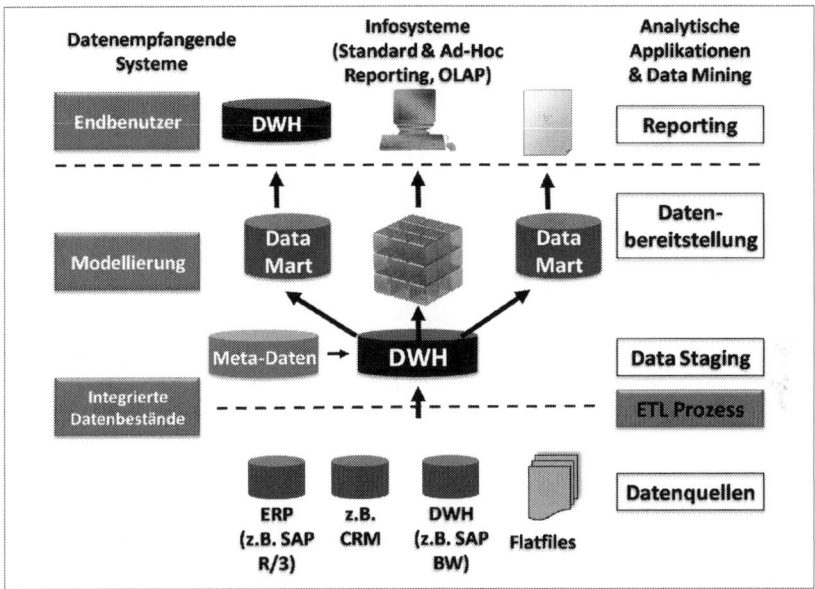

Abb. 4.2: Big Picture Data Warehouse

Eine weit verbreitete Ursache für die fehlende oder mangelhafte Steuerungsfähigkeit eines Unternehmens besteht in der Methode, unabhängig von den dafür vorgesehenen Corporate-Systemen und Prozessen Management-Reports auf Basis von parallelen Datenabzügen aus den operativen Systemen zu erzeugen – vgl. Kapitel 5.

4.3 Mögliche Datenhaltungsebenen im Data Warehouse

Aus Sicht der reinen Datenhaltung ergeben sich im Standard verschiedene Möglichkeiten:

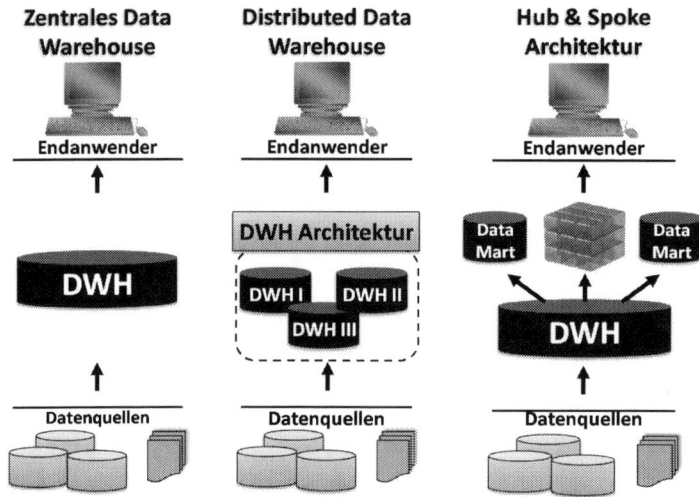

Abb. 4.3: Mögliche Datenhaltungsebenen im Data Warehouse

4.3.1 Zentrales Data Warehouse

- Zentrale Verwaltung aller Daten in einer physischen Datenbank

- Historisierte und konsolidierte Datenbasis für das gesamte Unternehmen

- Je nach Unternehmensgröße sehr große Datenbanken und

- sehr aufwendige Modellierung

- Komplexe Administration/Performance Tuning

- Hoher Zeitaufwand

Zentrales Data Warehouse

Endanwender

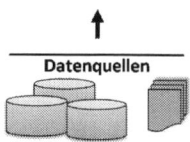

Datenquellen

Abb. 4.4: Zentrales DWH

4.3.2   Distributed Data Warehouse

- Aufspaltung einer logischen Datenbank in mehrere Teile gemäß geeigneter Kriterien

- Verteilung auf physisch getrennte Server

- Historisierte und konsolidierte Datenbasis für das gesamte Unternehmen

- Problemstellung und Komplexität entspricht der zentralen Data Warehouse-Architektur

- Distributions-, Synchronisations- und Abfragemechanismen notwendig

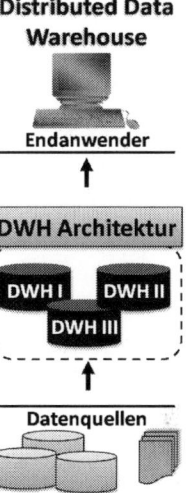

Abb. 4.5:   Distributed DWH

4.3.3   Hub & Spoke-Architektur

- Generierung abteilungsbezogener Data Marts (Spokes) aus dem konsistenten Datenbestand (Hub)

- Beschränkung der Data Marts auf Unternehmensteile, z.B. auf Abteilungen, Bereiche, Produktsparten

- Historisierte und konsolidierte Datenbasis für das gesamte Unternehmen

- Modularer Charakter durch Data Marts

- Vergleichsweise kurze Implementierungszeit für BI-Lösungen anhand einer ausgewählten Datenbasis

- Aufbau der Architektur kann sowohl mit dem Data Warehouse als auch mit den Data Marts beginnen.

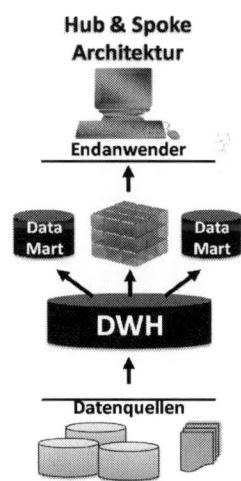

Abb. 4.6:   Hub & Spoke DWH

- Bei Start mit dem Data Warehouse gelten alle genannten Probleme.

- Bei Start mit den Data Marts sukzessiver Aufbau des Data Warehouse-Systems möglich

- Spätere Konsolidierung jedoch oft aufwendig

- Komplexe Administration/Synchronisierung

4.4 Data Warehouse-Prozesse

Grundsätzlich darf davon ausgegangen werden, dass es sich bei IT-Prozessen zum Aufbau von DWH und BI heute »lediglich« um die professionelle Anwendung ausgereifter Handwerkszeuge handelt. Die wesentlichen Prozesse sind durchdekliniert und die Tools praxiserprobt. Niemand ist mehr darauf angewiesen, das Rad neu zu erfinden oder Dinge unnötig zu verkomplizieren.

Die Herausforderung liegt heute in einer konsequent auf Einfachheit für den Anwender ausgerichteten IT. Das reale Geschehen, das eigentliche Business wird immer komplizierter und schnelllebiger. Die Probleme dieser zunehmenden Komplexität dürfen IT-Systeme aber nicht zu lösen versuchen, indem sie dem User eine Spiegelung dieser Komplexität anbieten, mit der dieser dann »irgendwie zurechtkommen muss«. Vielmehr muss die gegebene Komplexität durch saubere Strukturen und intelligente Verarbeitungslogiken innerhalb der IT-Systeme soweit reduziert werden, dass dem Anwender intuitiv zu bedienende Tools zur Verfügung stehen, um mit Daten und Analysen seine individuellen Fragestellungen zu beantworten.

Vor diesem Hintergrund sollten vor der Umsetzung von Projekten genaue Analysen der Bedarfe, Ziele und möglicher Konzepte über alle Ebenen und Prozessketten durchgeführt werden, um in den späteren Umsetzungsphasen innerhalb von Projekten wirklich zielorientiert arbeiten zu können. Für den Erfolg von Business Intelligence ist – wie in anderen Bereichen auch – die an einer strategiebasierten Zielsetzung ausgerichtete Planung die wichtigste Voraussetzung. Umgekehrt formuliert scheitern viele BI-Initiativen daran, dass bei Aufnahme der Umsetzungsaktivitäten kein transparentes Konzept z.B. in Form einer BI-Strategie vorliegt (vgl. Kapitel 1).

Bei Nutzung der technischen Möglichkeiten aktueller Systeme sollte es gelingen, von der Extraktion aus Quellsystemen bis zur Integration von Reports in diversen Frontend-Tools und Portalen saubere und gut zu wartende Prozesse abzubilden. Nur auf dieser Basis wird ein BI auch nach vielen Releases seinen Nutzen behalten und Mehrwerte über alle Ebenen liefern können.

4.4.1 ETL-Prozess

Der ETL-Prozess (also die Extraktion, die Transformation und das Laden von Daten aus den Quellsystemen in das Data Warehouse) kann heute mit mächtigen Tools realisiert werden, die alle notwendigen Aufgaben beherrschen. In aktuellen Tools können bei Bedarf auch Teile einer Verarbeitungslogik abgebildet werden. So können in den ETL-Prozess z.B. Plausibilitätsprüfungen integriert werden, die das Laden offensichtlich fehlerhafter Daten in das DWH verhindern. Die Frage, welche Daten fehlerhaft sind, kann – abseits von rein technischen Aspekten – aber wiederum nur durch die beteiligten Fachbereiche beantwortet werden. Daher ist beim Design dieses Prozesses die Beteiligung der Fachseiten für die Erstellung des notwendigen Regelwerkes (Business Rules) wichtig.

Bei der Ermittlung der Business Rules, auf deren Basis Daten als fehlerhaft klassifiziert werden, tritt häufig die Fragestellung auf, warum bestimmte Fehler überhaupt in Datenlieferungen an das DWH – also in einem vorgelagerten Quellsystem – auftreten und deren Entstehung nicht schon im Quellsystem selbst verhindert wird.

Mit dieser Fragestellung liefert schon das Design des ETL-Prozesses Informationen zum Optimierungspotenzial in den Quellsystemen, aus dem sich ein wichtiger Entscheidungsbedarf hinsichtlich der Gesamtkonzeption des DWH und der Integration der Systeme insgesamt ergibt:

1. Soll das DWH die Fehler der Vorsysteme »beheben«, sodass die Datenqualität in den Vorsystemen schlecht bleibt?

2. Oder sollen Informationen über Fehler in Vorsystemen genutzt werden, um diese zu optimieren, sodass die Datenqualität in den Vorsystemen verbessert wird?

Diese Frage beantwortet sich fast von selbst (vgl. Abschnitt 7.2).

Die erste Option sollte nur in sehr gut begründeten Ausnahmefällen in Erwägung gezogen werden, wobei gleichzeitig verbindlich definiert werden sollte, wann genau die Optimierung des Vorsystems »nachgeholt« wird.

Die Option 1 birgt die Gefahr, dass

- Plausibilitätsprüfungen primär dem DWH zugeordnet werden,
- die Behebung von Fehlern in Vorsystemen dauerhaft ausbleibt,
- eventuelle prozessuale Ursachen für die fehlerhaften Daten nicht transparent werden,
- mögliche technische Ursachen im Vorsystem für die fehlerhaften Daten nicht transparent werden,
- die Datenqualität im Vorsystem sich zunehmend verschlechtert, wodurch ein nochmals erhöhter Plausibilisierungsaufwand im DWH entsteht.

Die 2. Option der Optimierung von Vorsystemen ist zu bevorzugen, weil

- dadurch die Integration der Systeme vorangetrieben wird,
- Potenziale zur Prozessoptimierung identifiziert werden,
- Potenziale zur technischen Optimierung der Vorsysteme identifiziert werden,
- die Datenqualität dauerhaft signifikant erhöht wird,
- alle Beteiligten profitieren und dadurch neben der technischen Integration auch positive Effekte hinsichtlich der kulturellen Integration von Business und IT entstehen.

4.4.2 Staging

In einer klassischen DWH-Architektur besteht der nächste Schritt nach dem ETL-Prozess darin, Daten aus in der Regel heterogenen Quellsystemen zu harmonisieren und in standardisierte DWH-Formate zu überführen, die eine optimale Verarbeitung nach beliebigen

Geschäftslogiken ermöglichen. Gleichzeitig erfolgt hier üblicherweise eine Normalisierung der Daten.

Daten aus diesem Bereich eines DWH sollten problemlos mit jedem gängigen Auswertetool auswertbar sein. Sie sind allerdings noch nicht für Auswertungen optimiert, indem z.B. Aggregationen gebildet wurden, sodass Auswertungen aus diesem Bereich des DWH unter Umständen noch nicht hochperformant sind.

4.4.3 OLAP

Beim Online Analytical Processing (OLAP) geht es im Gegensatz zum Online Transaction Processing (OLTP) nicht um das Speichern von Daten aus operativen Workflows in Datenbanken, sondern um Analysen von Daten.

Mittels multidimensionaler Sichten auf Aggregationen von operativen Daten in Berichtswürfeln (Cubes) sollen diese Analysen die Entscheidungsfindung unterstützen. Die Cubes bilden dabei »Fakten« (Bewegungsdaten) über beliebige Dimensionen (Stammdaten) ab. Die logische Verknüpfung von Fakten und Dimensionen erfolgt in der Regel über sternförmige Beziehungen (Star-Schemen), in deren Mittelpunkt ein Fakt steht, verbunden mit der Angabe, über welche Dimensionen dieser Fakt auswertbar sein soll.

Zielgruppe war ursprünglich in erster Linie das Management, in zunehmendem Maße wird OLAP aber auf allen Ebenen in den Fachbereichen eingesetzt.

4.4.4 Data Marts

Entsprechend den Architekturabbildungen im vorhergehenden Kapitel setzen auf den Stage oder den »Core« eines DWH spezielle Datenbereiche auf, die nach fachseitig definierten Anforderungen auf bestimmte Reportings spezialisiert sind.

Häufig benötigen die verschiedenen Fachbereiche wie z.B. Sales, Marketing und Controlling völlig unterschiedliche Sichten auf die an der Quelle identischen Daten. Eine Sicht in diesem Sinne ist eine fachspezifische Interpretation von Daten anhand spezieller Kriterien, die so von anderen Fachbereichen nicht angewandt werden. Es kann aber auch erforderlich sein, aktuelle Bewegungsdaten auf virtuelle Stammdatenstrukturen abzubilden, die nur in einem bestimmten Fachbereich verfügbar sind.

Solche fachspezifischen Anforderungen an Reporting-Systeme werden klassisch in Data Marts (also einem Datensupermarkt, der sich aus den Datenvorräten im Data Warehouse bedient) realisiert.

Beispiel

In einem Mobilfunkunternehmen wird der Geschäftsvorfall, durch den ein Kunde seinen Tarif wechselt, als »Migration« und die entsprechenden Kunden als »Migranten« bezeichnet. Technisch gesehen handelt es sich um eine »Deaktivierung« des alten Tarifs und eine »Aktivierung« des neuen Tarifs. Entsprechend des technischen Ablaufs entstehen Daten für die Deaktivierung des alten und die Aktivierung des neuen Tarifs in den dafür vorgesehenen operativen Systemen.

Diese Daten sind nur einmal vorhanden, können jedoch fachlich völlig unterschiedlich interpretiert werden – je nach dem, aus welcher Sicht und mit welchem unternehmerischen Ziel sie analysiert werden.

Für Sales handelt es sich entsprechend des tatsächlichen Geschäftsvorfalls um den Wegfall und den Neuzugang eines aktiven Telefonkunden in einem bestehenden Vertrag. Genauso soll dieser Vorfall auch im »Data Mart Sales« berichtet werden. Also gehen die Daten in die Verarbeitung der Objekte Aktivierung/Deaktivierung ein, ohne dass dabei die Tatsache betrachtet wird, dass es sich um denselben Kunden handelt.

Für Marketing ist es neben der Abbildung von Aktivierungen und Deaktivierungen wichtig, welche Kunden aus welchen Gründen von einem in den anderen Tarif wechseln. Daher wird im »Data Mart Marketing« aus denselben Daten ein eigenes Objekt »Migranten« abgebildet, das in seiner Betrachtung den Kunden in den Mittelpunkt stellt und die Verknüpfung mit Vertrags-, Tarif- und weiteren kundenspezifischen Daten ermöglicht.

Beide Data Marts greifen auf dieselben Daten zu, erzeugen aber ganz unterschiedliche Analysen, die auf die Erreichung fachbereichspezifischer Ziele ausgerichtet sind.

In diesem Beispiel wird die Summe der Aktivierungen/Deaktivierungen im Data Mart Sales und dem Data Mart Marketing immer voneinander abweichen, weil eine Teilmenge der tatsächlich vorhandenen Aktivierungen/Deaktivierungen im Data Mart Marketing nicht als Aktivierungen/Deaktivierungen, sondern als Migranten betrachtet wird.

Diese Tatsache müssen die Teilnehmer von fachbereichsübergreifenden Meetings natürlich berücksichtigen, wenn Abweichungen bei Aktivierungen/Deaktivierungen diskutiert werden. Darüber hinaus ist es in diesem Fall sinnvoll, in jedem Data Mart auch die relevanten Kennzahlen des jeweils anderen Data Marts anzubieten, damit sich die Fachbereiche Transparenz über mögliche Differenzen verschaffen können: zum Beispiel im Data Mart Sales die Kennzahlen »Anzahl Aktivierungen (Marketing Migranten)«, »Anzahl Deaktivierungen (Marketing Migranten)« und im Data Mart Marketing die Kennzahlen »Anzahl Aktivierungen (Sales-Sicht)« und »Anzahl Deaktivierungen (Sales-Sicht)«. Über einfache Abfragen können dann in beiden Data Marts auch die Gesamtsummen für Aktivierungen/Deaktivierungen ohne Berücksichtigung von Migranten erzeugt werden, sodass eine vollständige Vergleichbarkeit entsteht.

Mit dem Ziel einer optimalen Performance werden in beiden Data Marts alle Daten nach einem spezifizierten Regelwerk »voraggregiert«, sodass zur Laufzeit einer Abfrage die Ergebnisse sehr schnell angezeigt werden.

4.5 Informationsbereitstellung

4.5.1 Frontends

Die Bereitstellung von Reports und Analysen aus dem Data Warehouse und den Data Marts erfolgt zumeist über Frontends, die den Nutzern eine möglichst komfortable, intuitive Handhabung aller

Zugriffe und die grafische Aufbereitung sowie die Verteilung von Ergebnissen ermöglichen sollen. Hierfür gibt es heute eine Vielzahl an Produkten auf dem Markt, die alle wesentlichen Funktionen beherrschen:

- Bereitstellung von fertigen Reports

- Erstellen, Speichern, Aufrufen und Verwalten individueller User-Reports

- Austausch fertiger Reports unter Usern in speziellen Usergruppen

- Grafische Aufbereitung der Ergebnisse durch umfangreiche Formatierungsmöglichkeiten

- Grafische Aufbereitung der Ergebnisse in verschiedensten Grafiktypen

- Dynamische Formatierungen

- Export der Ergebnisse in Microsoft Office-Formate

- Online-Anbindung von Abfragen in anderen Applikationen

- Integration von Reports in Portale

- Interaktive Reportelemente z.B. für die Navigation zwischen Reports oder Dashboards

- Automatisierte Generierung und Verteilung von Reports

Nahezu alle führenden Frontend-Tools können in alle BI-Architekturen mit Datenbanken der großen Hersteller integriert werden.

Unterschiede bestehen in erster Linie hinsichtlich der Einfachheit der Bedienung (Usability) und möglicher Sonderfunktionen wie z.B. der Möglichkeit, als User nicht nur Daten zu empfangen, sondern auch in die Datenbank zurückzuschreiben – was für ein Data Warehouse nicht unbedingt selbstverständlich ist. Typische Anwendungsfälle, bei denen auch Eingaben in die Datenbank möglich sein müssen, sind Planungsapplikationen oder Wenn-Dann-Szenarien, bei denen nicht nur mit temporären Variablen gearbeitet werden soll, sondern Daten außerhalb des ETL-Prozesses vom User in die Datenbank geschrieben werden sollen.

In der Praxis ist auf technischer Seite darauf zu achten, dass durch solche Prozesse nicht wirklich Daten in der Datenbank überschrieben werden, sondern in spezielle Tabellen und Datenfelder zurückgeschrieben wird.

4.5.2 Dashboarding

Ein Dashboard (deutsch: Steuerpult) stellt Usern eine Sammlung fertiger Reports auf Knopfdruck zur Verfügung. Dashboarding ist die Bereitstellung einfacher Reports bis hin zu komplexen Analyse-Applikationen in einem für jeden User individuell verfügbaren und gestaltbaren Bereich eines Frontend-Tools oder in anderen Applikationen oder Portalen. Vom Dashboard aus sind alle Funktionalitäten eines Frontends verfügbar, d.h. Auswertungen können auch gedruckt und exportiert werden. Dashboards sind für alle Zielgruppen interessant, weil sie auf einfache Weise fertige Reports mit automatisch aktualisierten Daten bereitstellen.

4.5.3 Top Level Dashboard: Das »Management Cockpit«

Eine Anforderung, die praktisch immer an Business Intelligence gestellt wird, ist die Bereitstellung eines Frontends, das aggregierte Informationen auf Ebene des Topmanagements in einer im Arbeitsplatzsystem integrierten Plattform per Knopfdruck bereitstellt – das »Management Dashboard«.

Manager sollen

- jederzeit über die wichtigsten Kennzahlen informiert sein,

- Entwicklungen von Geschäftsprozessen nachvollziehen können,

- Wenn-Dann-Szenarien als Entscheidungshilfen erstellen können,

- über wichtige (Datenbank)-Ereignisse (z.B. Big Deals) automatisiert informiert werden,

- bei Nachfragen Kontaktmöglichkeiten zu den Anbietern der Informationen (DWH/BI-IT und/oder -Fachbereiche) haben,

- spezielle Informationen einfach, schnell und aktuell selbst ermitteln können, um mögliche Lösungsszenarien aus einer plötzlich auftretenden Situation heraus spontan bewerten zu können.

Gerade in diesem Zusammenhang wurden in der Vergangenheit Versprechungen gemacht, die aufgrund einer einseitig technologischen Ausrichtung von Business Intelligence-Aktivitäten nicht eingehalten werden konnten.

4.5.4 Portale

Viele Unternehmen bieten ihren Mitarbeitern im firmeneigenen Intranet Informationsportale an, über die z.B. interne Services genutzt werden können. Business Intelligence kann in diese Portale Informationen liefern, indem z.B. ein definierter Report in eine Portalseite integriert wird (Portlet). Die Verfügbarkeit des Reports bzw. seine Dateninhalte werden dabei über eine entsprechende User-Administration geregelt. Auch hier erweist sich aufgrund der vielfältigen Abstimmungsbedarfe bis zur Realisierung einer solchen Lösung ein BICC als die aussichtsreichste Organisationsform für die BI-Experten.

4.5.5 Abbildung von Logiken

Über die gesamte Prozesskette im Data Warehouse ausgehend vom ETL-Prozess bis zur Bereitstellung von Reports (zum Beispiel in einem Portal) können Verarbeitungslogiken implementiert werden, die bewirken, dass speziellen Usergruppen die für ihre Bedürfnisse aufbereiteten Daten genau in der benötigten Ausprägung zur Verfügung gestellt werden.

Allerdings sollte im Rahmen der Gesamtsystematik verbindlich definiert werden, an welchen Stellen der Prozesskette Verarbeitungslogiken grundsätzlich eingebaut werden. Wo genau in einem auf die Bedürfnisse eines bestimmten Unternehmens abgestimmten DWH Logiken abgebildet werden sollten, kann nur fallweise im konkreten Projekt entschieden werden. Es sollte allerdings unbedingt vermieden werden, an jeder beliebigen Stelle Logiken abzubilden, weil die Nachvollziehbarkeit und Wartbarkeit des Systems dadurch enorm leidet und die Kosten steigen.

4.5.6 Direktzugriff & Power User Support

Im Rahmen von Power-User-Konzepten ist es oftmals sinnvoll, speziell geschulten Usern die Möglichkeit einzuräumen, durch das direkte Absetzen von Abfragen auf der (relationalen) Datenbank individuelle Berichte zu erzeugen. In der Regel setzt dies umfangreiche SQL-Kenntnisse (Structured Query Language) auf der eingesetzten Plattform bei diesen Usern voraus. Darüber hinaus müssen die Datenmodelle des Data Warehouse bzw. der Bereiche des DWH, für die ein solcher Zugriff gewährt wird, den Usern bekannt sein. Unbedingt notwendig für die Erstellung sinnvoller Abfragen ist auch das Verständnis der User über die fachlichen Zusammenhänge der Daten. Ein Direktzugriff erlaubt auf Basis der im Datenmodell hinterlegten Beziehungen praktisch die Erzeugung beliebiger Berichte. Nur mit ausreichendem Know-how über die Gesamtzusammenhänge des Systems und der fachlichen Hintergründe können User vermeiden, falsche oder sinnlose Abfragen zu erstellen. Insbesondere muss vermieden werden, dass die Performance des Systems durch Abfragen beeinträchtigt wird, die große Datenmengen analysieren, ohne sinnvolle Filterkriterien zu verwenden.

In einem Frontend, das den Usern z.B. die Inhalte von fest definierten Datenwürfeln für Auswertungen zur Verfügung stellt, wird Usern dieses Know-how von den Experten der IT mitgeliefert. Power-User, die über Direktzugriff auf die Datenbank verfügen, müssen dieses Know-how selbst mitbringen.

Bei Aufbau und Weiterentwicklung der Kenntnisse von Power-Usern sollte natürlich die Business Intelligence IT mit Support unterstützen. Im Rahmen eines Power-User-Konzeptes sollte dieser Support organisatorisch sichergestellt werden.

Power-User sollten darüber hinaus für den Know-how-Transfer im eigenen Fachbereich genutzt werden. Auf Basis der gemeinsam mit der Business Intelligence IT aufgebauten Kenntnisse können Power-

User als Multiplikatoren eingesetzt werden. In eigenen BI-Schulungs-konzepten kann die Wissensvermittlung über verschiedene Stufen organisiert werden.

Diese Formen der Informationsbereitstellung werden angesichts der »großen« Business Intelligence-Themen wie Enterprise Data Warehouse, Master Data Management, Meta Data Services und BI-Frontend oft vernachlässigt. Für den Erfolg einer BI-Initiative sind sie aber enorm wichtig, weil sie entscheidend für die Flexibilität der Fachbereiche bei der Nutzung der BI-Infrastruktur und damit für die Akzeptanz des Gesamtsystems sind.

4.6 Neue Kollaborationsmodelle

Für die Informationsbereitstellung und die Interaktion von Usern ergeben sich in Zusammenhang mit dem in Kapitel 7 dargestellten »Schichtenmodell der Closed Loops der BI« neue Möglichkeiten, die die Effizienz von Unternehmensprozessen deutlich erhöhen können.

Die Schichtung von Closed Loops der Business Intelligence in Kapitel 7 bildet die Grundlage für diese neuen Kollaborationsmodelle. Mitarbeiter des gesamten Unternehmens können bereichsübergreifend über Systeme miteinander kommunizieren und gemeinsam Prozesse bearbeiten, die konkret auf ein definiertes Ziel ausgerichtet sind.

Je nach Anwendungsfall von BI ergeben sich unterschiedliche Anforderungen an notwendige Kollaborationen und Abstimmungsprozesse.

4.6.1 Klassifizierung von Business Intelligence

Eine mögliche Klassifizierung von Anwendungsfällen ergibt sich durch die Unterteilung gemäß der Klasse der zu treffenden Entscheidungen in operatives, taktisches und strategisches BI (vgl. Business Intelligence – Wie viel Intelligence braucht das Business wirklich? Dr. Peter Jaeschke, FHS St. Gallen)

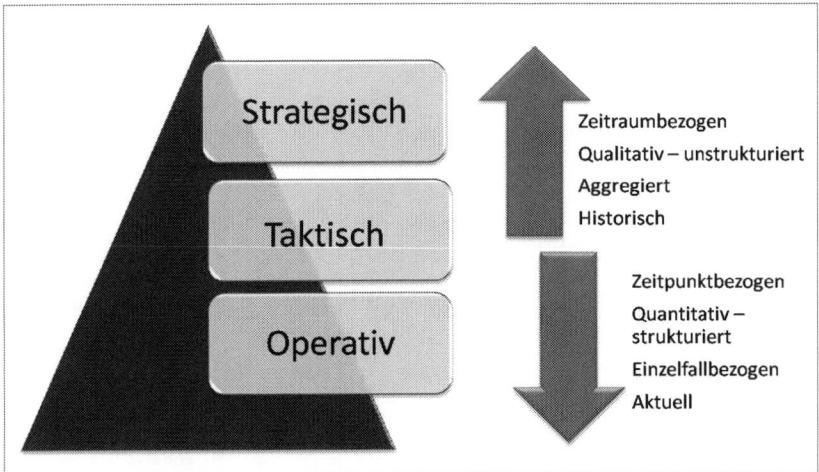

Abb. 4.7: Klassifizierung von Business Intelligence und davon abhängiger Informationsbedarf

Die vergleichsweise neue Entwicklung des operativen BI bedingt den Einsatz neuer Technologie, da in erster Linie Echtzeit-Daten (Real Time) und Nahe-Echtzeit-Daten (Near Real Time) neben den klassischen historischen Daten zum Einsatz kommen.

Bei der Unterstützung von Entscheidungsprozessen durch Business Intelligence liegt traditionell die Betonung auf taktischen Entscheidungen.

BI wird hier klassisch dazu benutzt, taktische Initiativen zu validieren, um strategische Ziele zu erreichen. Die zur Verfügung gestellte Technologie ist dementsprechend auf mittlere Datenaktualität ausgerichtet.

Interessanterweise ist BI im strategischen Umfeld am wenigsten vertreten und kommt hier nur sporadisch zum Einsatz. Der Fokus im strategischen Umfeld liegt in der Entwicklung von geschäftlichen Langfristzielen und greift ausschließlich auf historische Daten zurück. Die angesprochene Ebene ist demzufolge in erster Linie das Topmanagement.

4.6.2 BI und strategische Entscheidungen

Die Auswirkungen von strategischen Entscheidungen haben typischerweise einen Zeithorizont von Monaten bis Jahren. Analog der Nutzung im taktischen Umfeld stehen hier historische Daten im Vordergrund.

Die signifikanten Unterscheidungsmerkmale im Vergleich zu taktischen Entscheidungen sind:

- Verstärkter Einsatz von Business Intuition (vgl. Abschnitt 1.3, Business Intelligence und Business Intuition).

- Verstärkter Einsatz von »Was wäre, wenn ...«-Szenarien.

- Zeitlich stark gestreckte Feedbackschleife (Closed Loop): Bedingt durch die langfristigen Auswirkungen strategischer Entscheidungen fällt es mitunter schwer, eine Korrelation zwischen Entscheidung und Auswirkung nachzuweisen.

- Verstärkter Bedarf an Kollaboration und Abstimmung, um eine Entscheidung möglichst gut abzusichern und die bestmögliche Alternative auszuwählen. Hauptgrund hierfür sind die möglichen Auswirkungen und die enorme Relevanz, die eine strategische Entscheidung für das Unternehmen haben kann.

Ein möglicher Ansatz zur Erklärung, warum BI strategische Entscheidungsprozesse bis heute kaum beeinflusst, ist die fehlende Integration von Kollaborationsmodellen in der BI-Technologie und den BI-Prozessen.

4.6.3 BI und Web 2.0

Um strategische Entscheidungen treffen zu können, müssen BI-Systeme dem Nutzer eine intuitivere Benutzerfreundlichkeit und größere Vielzahl von Interaktionsmöglichkeiten bereitstellen. Auf technologischer Ebene bietet das heutige Web 2.0 bereits eine Vielzahl dieser Möglichkeiten an: Kollaborationen werden durch Teambildung, Community-Mechanismen und stark ausgeprägte Kommunikationsfunktionalitäten unterstützt.

Business Intelligence und Web 2.0 müssen zusammenwachsen, um die strategische Ebene zu erschließen!

Auf prozessualer Ebene wird am Beispiel der strategischen Entscheidungsfindung deutlich, dass eine Entscheidung ein Prozess ist:

- Wahrnehmen einer Veränderung im jeweiligen Umfeld
- Analysieren *und* soziale Interaktion
- Erarbeitung und Formulierung einer Reaktion
- Ausführen
- Beobachten und Analysieren der Auswirkungen (vgl. Abschnitt 7.1, Closed Loop Monitoring)

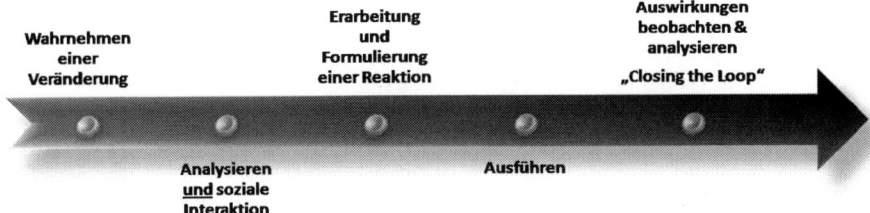

Abb. 4.8:   Jede Entscheidung ist ein Prozess.

Jede Entscheidung ist ein Prozess!

Insbesondere bei strategischen Entscheidungen mit dem Potenzial zu weitreichenden Auswirkungen wird die Komponente der sozialen Interaktion automatisch eine sehr hohe Relevanz haben: Wichtige Entscheidungen werden nur sehr selten alleine getroffen.

In der Regel wird man auf sein soziales Netzwerk zurückgreifen und auf Basis einer innerhalb des Netzwerkes bereitgestellten Kombination von Informationen, Interaktionen und Dokumentation zu einer Entscheidung kommen.

Je nach Art der Entscheidung (operativ, taktisch, strategisch) ist ein zunehmendes Maß an sozialer Interaktion und Kollaboration notwendig.

In Entscheidungsprozessen, die erfolgreich durch BI unterstützt werden sollen, muss grundsätzlich die Möglichkeit bestehen, soziale Interaktion in Form von Kollaborationen, gemeinsame Nutzung von Informationen (Information Sharing) und Abstimmungsprozessen zuzulassen, zu unterstützen und ggf. zu fördern.

Web 2.0, die zunehmende Integration von BI in der Portaltechnologie und nicht zuletzt der modulare Ansatz durch SOA (vgl. Abschnitt 8.2, BI & Service Oriented Architecture) können hierfür den technologischen Weg ebnen.

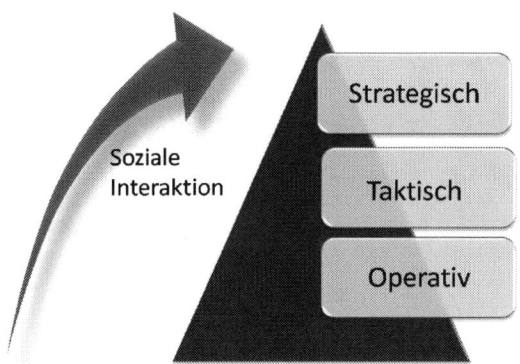

Abb. 4.9:   Zunehmender Bedarf an sozialer Interaktion

Kapitel 5

Der BI-Killer: Bypass-Reporting und die Folgen

Dieses Kapitel behandelt folgende Inhalte:

- Folgeerscheinungen der in Teil 1 betrachteten Phänomene in Bezug auf
  - Qualität der Unternehmensprozesse
  - Kosten
  - Akzeptanz der IT im Unternehmen

5.1 Bypass-Reporting

5.1.1 Typische Regelarchitektur im Data Warehouse

In Abschnitt 4.2 wurde eine grobe Regelarchitektur des Data Warehouse skizziert:

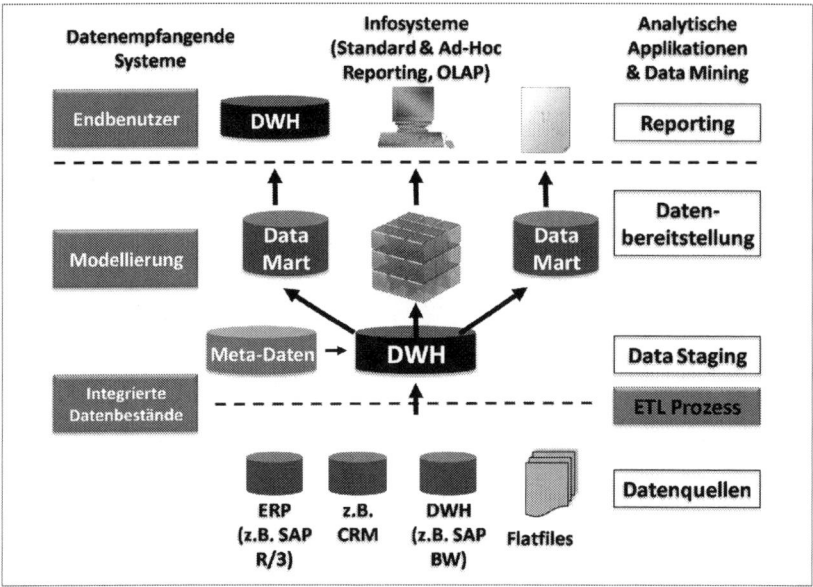

Abb. 5.1: Data Warehouse ohne Bypass

Die wichtigsten Vorteile in Kürze zusammengefasst sind:

- Reporting-Sicherheit: Alle reden über dieselben Zahlen.
- Die Realität im Unternehmen wird gespiegelt.
- Transparenz: Die Schwachstellen im Unternehmen werden sichtbar.
- Zielgerichtete Maßnahmenableitung ist möglich.
  → Die Steuerungsfähigkeit des Unternehmens kann gesichert werden.

5.1.2 Typische Bypass-Reporting-Architektur

Eine weit verbreitete Ursache für fehlende oder mangelhafte Steuerungsfähigkeit eines Unternehmens besteht in der Methode, unabhängig von den dafür vorgesehenen Corporate-Systemen und -Prozessen Management-Reports auf Basis von parallelen Datenabzügen aus den operativen Systemen zu erzeugen – wir nennen sie »Bypass-Reportings«.

Die sicherste Methode, ein Unternehmen steuerungsunfähig zu machen, sieht bezogen auf die Referenzarchitektur im Data Warehousing dann ungefähr so aus:

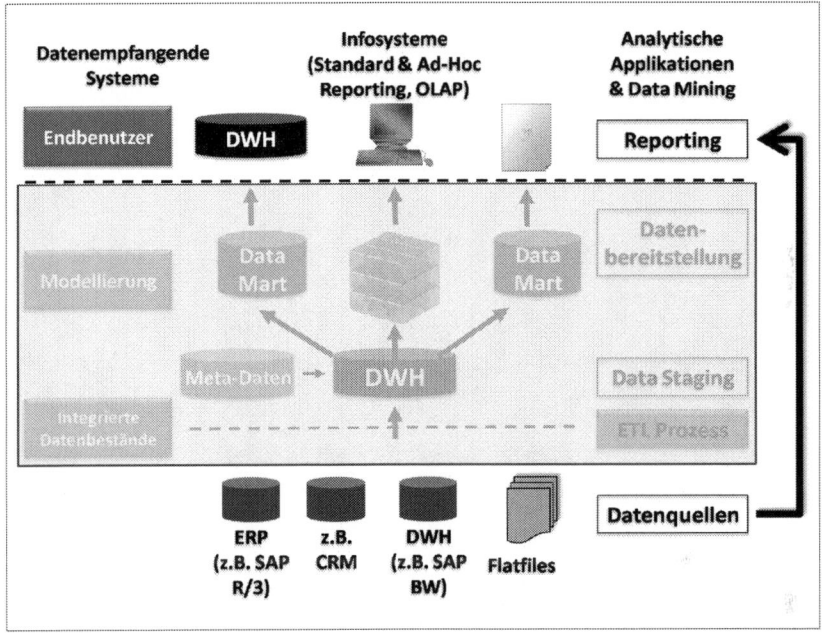

Abb. 5.2:   Bypass-Reporting

Dabei ist in der Praxis davon auszugehen, dass nicht nur an einer Stelle im Unternehmen ein solcher »Bypass« aufgebaut wird, z.B. im Marketing, sondern auch in allen anderen Abteilungen, die ihre Daten und Analysen nicht aus den zentralen IT-Systemen beziehen wollen.

Die negativen Effekte sind:

- Keine Reporting-Sicherheit: Die Reports sind nicht vergleichbar – hoher Abstimmungsaufwand.

- Durch die fehlende Integration konsolidierter Masterdaten (Stammdaten) ist der Bezug der Reports zu den realen Gegebenheiten im Unternehmen nicht sichergestellt.

- Lange Umsetzungszeiten bei neuen Anforderungen durch verteilte Datenhaltung und Fehlen einer Gesamtdokumentation

- Qualitätsverlust durch fehlende Qualitätskontrolle (keine einheitlichen Quality Gates)

- Fehlende Transparenz über

  - die Qualität operativer Prozesse
  - die Qualität operativer Daten
  - das operative Business

- Vertrauensverlust in die Aussagekraft der Reports und des DWH insgesamt

- Akzeptanzverlust des DWH und der BI IT insgesamt

- keine zielgerichtete Maßnahmenableitung möglich

  → Die Folge: Gefahr des Verlusts der Steuerungsfähigkeit

5.2 Folgen von Bypass-Reporting

5.2.1 Fehlende Transparenz

Bypass-Reportings werden in den meisten Fällen damit legitimiert, dass innerhalb der IT-Regelprozesse nicht die benötigten fachlichen Inhalte in der erforderlichen Qualität geliefert werden können. Im Bypass-Reporting werden dann Workarounds abgearbeitet, die die Ursachen für die beschriebenen Defizite kompensieren.

Damit leistet Bypass-Reporting einen aktiven Beitrag dazu, dass Defizite im Unternehmen manifestiert werden, und behindert dadurch den Aufbau von Business Intelligence. Insbesondere können in folgenden wichtigen Themen keine Verbesserungen erwartet werden, wenn die Defizite nicht wahrgenommen werden:

- die Qualität der Geschäftsprozesse
- die Qualität der operativen Datenbasis
- die Qualität des ETL-Prozesses
- die Qualität der Reports
- die dauerhaft schlechte Datenqualität.

5.2.2 Hohe Kosten

Bypass-Reportings verursachen immens hohe Kosten im Unternehmen, ohne einen adäquaten Gegenwert zu liefern. Ganz im Gegenteil sind Bypass-Reportings wie oben beschrieben für die dauerhafte Aufrechterhaltung von Defiziten und damit für eine dauerhaft verminderte Leistungsfähigkeit des Unternehmens mitverantwortlich.

Diese Kosten, die in der Regel intransparent hinter Kostenstellennummern und Personalaufwänden mit völlig anderen Stellenbeschreibungen »versteckt« werden, können in keinen Business Case für Business Intelligence eingerechnet werden. Dadurch fallen diese in vielen Fällen zu negativ aus, um die entsprechenden Themen hoch priorisieren zu können, denn die Einsparungen durch Business Intelligence-Lösungen werden nicht vollständig berücksichtigt. Unter Berücksichtigung aller versteckten Kosten der Bypass-Reportings und deren Negativauswirkungen im Unternehmen wären die Business Cases für BI sehr viel positiver.

5.2.3 Keine zielgerichtete Maßnahmenableitung

Neben den oben erwähnten Aspekten der Inhalte und Datenqualität ist immer wieder das Fehlen eines zentralen Master Data Managements (Stammdatenmanagement) die Begründung für den Aufbau von Bypass-Reportings. Das Argument für Bypass-Reportings lautet in diesen Fällen, dass sie eine größere Flexibilität gegenüber notwendigen Anpassungen der Stammdaten bieten als Business Intelligence innerhalb definierter Regelprozesse.

Die Begründung selbst macht die Widersinnigkeit dieser Vorgehensweise deutlich. Denn mit diesem Ansatz wird dem bereits erkannten Defizit ein weiterer provisorischer Prozess hinzugefügt mit einer sehr großen Wahrscheinlichkeit, neue Problemfelder zu erzeugen. Dabei wird keines der vorhandenen Defizite ursächlich beseitigt.

Genau genommen ist das Fehlen eines zentralen Stammdatenmanagements eigentlich nur ein Unteraspekt mangelhafter Datenqualität. Denn wenn die Bewegungsdaten nicht zu den Stammdaten »passen«, dann ist die Datenqualität immer schlecht.

Wenn es aber nicht möglich ist, die Bewegungsdaten den richtigen Stammdaten zuzuordnen, dann ist es auch unmöglich, aus der Analyse dieser Daten die richtigen Schlüsse zu ziehen.

Beispiel

Ausgangssituation:

■ Die Sales-Organisation ist in diversen operativen Systemen unterschiedlich abgebildet.

■ Es existiert kein zentrales Mapping auf eine von allen Bereichen freigegebene Sales-Organisation (kein Master).

■ Das DWH (BI) kann ohne ein fachliches Mapping die Bewegungsdaten aus den operativen Systemen nicht richtig zuordnen.

■ Die Folge: Reports sind fehlerhaft.

Begründung für Bypass-Reporting:

■ Nur Sales selbst ist in der Lage, die zum jeweiligen Berichtszeitpunkt gültige Sales-Organisation zu benennen.

■ Ein Mitarbeiter in der Sales-Steuerung pflegt intern eine entsprechende Liste.

■ Eine Einspielung in das Warehouse und die Harmonisierung mit anderen Systemen dauert zu lange.

■ Daher können die Berichte nicht im DWH erzeugt werden.

Folgen:

- Stammdaten werden nicht harmonisiert.
- Eine Verknüpfung der Sales-Daten mit anderen Unternehmensdaten im DWH ist nicht möglich.
- Die Datenqualität im DWH bleibt schlecht.
- Die Akzeptanz des DWH im Unternehmen sinkt.
- Ressourcen zur Behebung der Defizite werden zurückgehalten.

Lösung:

- Der Mitarbeiter der Sales-Steuerung, der die Liste pflegt, arbeitet an der falschen Stelle. Er muss die Liste auf einem zentralen Server pflegen, über den die Liste an alle Systemen inklusive des DWH (BI) geliefert wird.
- Auf dieser Basis kann das Reporting im DWH harmonisiert über alle Systeme erfolgen.

Effekte:

- Die Datenqualität im DWH nimmt zu.
- Die Analysen sind genauer.
- Die Maßnahmenableitung trifft das Geschäft und die Potenziale.
- Die Akzeptanz des DWH nimmt zu.
- Die Nutzung des DWH nimmt zu.
- Die Bypass-Reportings nehmen ab.
- Die Kosten sinken.
- Die Effizienz des Unternehmens steigt.

5.2.4 Verlust der Steuerungsrelevanz von Reportings

Mit der oben beschriebenen Steigerung der Effizienz kann das Ziel eines durch Business Intelligence (BI) unterstützten Corporate Performance Managements (CPM) erreicht werden.

Man kann sich leicht vorstellen, welche ungeheure Wirkung auf die Effizienz – und damit auf die Ertragssituation – eines Unternehmens es hat, wenn Optimierungen dieser Art an vielen, ineinander greifenden Stellen gelingt. Erst wenn diese Basis geschaffen ist, kann ein dezidiertes CPM aufgebaut werden, das sich mit selbstverständlicher Sicherheit eines hochqualitativen DWH und einer aussagekräftigen BI bedient.

5.2.5 Teufelskreis »Schlechte Datenqualität und Bypass-Reporting«

Bei diesem Thema handelt es sich um ein klassisches »Henne-Ei-Phänomen«. Es lässt sich schwer feststellen, was zuerst da war:

■ die unzureichende Prozess- und Datenqualität mit der Folge schlechter Qualität der DWH-Reports und des Bypass-Reportings

■ oder das Bypass-Reporting der Fachbereiche mit der Legitimation schlechter Qualität der DWH-Reports und der gleichzeitigen Aufrechterhaltung derselben

Abb. 5.3: Teufelskreis schlechte Datenqualität und Bypasses

Dieser Kreislauf konterkariert das Ziel der systematischen Integration von operativen Systemen, Stamm- und Meta Data Management durch Business Intelligence. Anstatt Optimierungspotenziale als Ergebnis von Analysen mit hoher Datenqualität an die vorgelagerten Prozesse und Systeme zurückzuliefern, wird durch Bypass-Reporting genau das Gegenteil erreicht: Die Fachbereiche, die die schlechte Datenqualität im Data Warehouse (anfangs zu Recht) kritisieren, leisten mit hohem Aufwand einen aktiven Beitrag dazu, dass die Datenqualität auch dauerhaft schlecht bleibt.

Die Absurdität dieses Szenarios verlangt geradezu danach, sich die Logik, die diesem Vorgehensmodell innewohnt, einmal in aller Deutlichkeit bewusst zu machen:

Tipp

»Wenn die eigens zu diesem Zweck beschäftigten Experten der IT-Abteilung mit ihrem Know-how, ihrer Erfahrung und allen ihnen zur Verfügung stehenden technischen Möglichkeiten es nicht schaffen, eine valide Datenbasis für unsere Reports herzustellen, dann müssen wir es als Laien auf diesem Gebiet eben selbst machen. Aber wir werden den Experten nicht verraten, wie wir es gemacht haben ...« ☺

Scherz beiseite – das ist nicht halb so lustig wie es klingt.

Anstatt fachseitig die Frage zu stellen, auf welche Erfolgshemmnisse die Experten stoßen und wie man diese Hemmnisse gemeinsam beseitigen könnte, wird konsequent an der Aufrechterhaltung eines von allen Beteiligten beklagten Zustandes gearbeitet.

Frage

Warum ist das so? Auf diese sehr interessante Frage gehen wir in Kapitel 11 zum Thema »Zielkonflikte« ein.

Zunächst richten wir die Aufmerksamkeit auf eine wesentliche Voraussetzung für Business Intelligence: die Ableitung von Anforderungen an Business Intelligence aus der Unternehmensstrategie und den Bedarfen der Fachbereiche.

Kapitel 6

Von der Unternehmensstrategie zum Enterprise Data Warehouse

Dieses Kapitel behandelt folgende Inhalte:

- Darstellung der Abhängigkeiten von
- Unternehmensstrategie
- IT- und BI-Strategie
- fachlichem Business Need
- operativem Prozess
- operativen Daten
- Data Warehouse als »Single Point of Truth«

6.1 Primärziele des Unternehmens

Die folgende Auflistung erhebt keinen Anspruch auf Vollständigkeit, nennt aber sicherlich einige der primären Ziele, die von den meisten Unternehmen definiert werden, wobei Ziele auch aufeinander aufbauen und/oder voneinander abhängen können:

- Steigerung Auftragseingang
- Steigerung Umsatz
- Reduzierung der Kosten
- Optimierung des Ergebnisses
- Steigerung des Unternehmenswertes

■ Qualitatives Wachstum

■ Market Maker

■ Business Leader

Auf Geschäftsführungsebene wird aus den primären Zielen eine Strategie zu deren Erreichung abgeleitet. In der Regel werden danach im Rahmen jährlicher Planungsprozesse die Unternehmensziele über alle Ebenen in die Organisation kaskadiert. Diese Ziele müssen messbar sein. Die Erreichung der Ziele muss unterjährig durch fortlaufende Kontrolle (Monitoring) sichergestellt werden.

IT- und BI-Strategie müssen sich aus dieser Unternehmensstrategie ableiten lassen. Nur wenn die IT insgesamt und Business Intelligence im Besonderen darauf ausgerichtet sind, die Zielerreichungen aller Bereiche und Ebenen messen zu können, werden sie einen Beitrag zur Erreichung der Ziele leisten. Gerade in dynamischen Märkten und in Unternehmen mit kurzen Anpassungszyklen an veränderte Marktgegebenheiten hat die Unternehmensstrategie damit direkte Auswirkungen auf die Anforderungen, die an die IT gestellt werden müssen.

So ist z.B. eine »Smart Follower«-Strategie, bei der Trends des Marktes kurzfristig in neuen Geschäftsmodellen und Produkten aufgegriffen und priorisiert vermarktet werden, nur durchführbar, wenn auf Basis der Ergebnisse von permanenten Marktanalysen alle Prozesse und Systeme kurzfristig an die speziellen Herausforderungen von Innovationen angepasst werden können. Die Erfolge neuer Geschäftsmodelle und Produkte müssen zeitnah messbar sein und im Rahmen des Monitorings gegen mögliche andere, eventuell wieder neue Szenarien geprüft werden können.

Aber auch bei allen anderen primären Strategien des Unternehmens müssen operative Systeme die Geschäftsmodelle sauber abbilden und die für die Messung der Ziele notwendigen Rohdaten erzeugen. Über die Verarbeitungsketten im Data Warehouse und der Business Intelligence werden die Erkenntnisse, die aus diesen Informationen ermittelt werden können, an das Business zurückgespielt, um kurzfristig eine valide Aussage über die Zielerreichung und die Wirksamkeit einzelner Maßnahmen treffen zu können.

Um dieses Ziel erreichen zu können, muss für Business Intelligence selbst eine Strategie dafür entwickelt werden, wie die vollständige Integration der gesamten Prozesskette von den strategischen Unternehmenszielen über die sich daraus ergebenden Business Needs der Fachbereiche bis zur Rückkopplung von Business Intelligence-(Echtzeit-)Analysen in die operativen Systeme – und damit in die Wertschöpfungskette – sichergestellt werden kann.

6.2 Business Intelligence-Strategie

Die grundlegenden Fragen zur Ausrichtung einer Business Intelligence-Strategie lauten:

1. Welche aus den Unternehmenszielen abgeleiteten Ziele sollen durch die IT und Business Intelligence unterstützt werden?

2. Welche Architektur ist zur Unterstützung der Unternehmensziele/-strategie am besten geeignet?

3. Welche Klassen von Entscheidungsprozessen (operativ, taktisch, strategisch) sollen mit Business Intelligence unterstützt werden?

4. Welche Technologie (Hersteller/Funktionalitäten) bietet die besten Funktionalitäten zur Erfüllung der konkreten Anforderungen?

5. Wie kann die Anpassungsfähigkeit (Skalierbarkeit) der Systeme an neue und geänderte Geschäftsmodelle sichergestellt werden?

6. Wie kann Investitionssicherheit erreicht werden?

7. Wie kann Zukunftssicherheit erreicht werden?

8. Wie kann die Erzeugung qualitativ hochwertiger Bewegungsdaten sichergestellt werden?

9. Wie kann die Erzeugung und Integration qualitativ hochwertiger Stammdaten sichergestellt werden?

10. Wie kann eine umfängliche Dokumentation sichergestellt werden?

11. Wie kann die Administration der Metadaten vereinfacht werden?

12. Wie kann Datensicherheit gewährleistet werden?

13. Wie können Umsetzungsprozesse beschleunigt werden?

14. Wie kann Reporting-Sicherheit sichergestellt werden?

15. Wie können Anforderungen an Datenschutz, Sozialpartner und SOX erfüllt werden?

16. Welche Tools sind am besten geeignet, um Informationen auf Arbeitsplatzebene integriert bereitzustellen (Frontend)?

17. Wie kann Business Intelligence in die allgemeine Unternehmenskommunikation integriert werden?

18. Welche konkreten Business Benefits sind schon beim Aufbau von Business Intelligence direkt realisierbar?

19. Wie können »Closed Loops« zur Optimierung der Gesamtprozesse des Unternehmens aufgebaut werden?

Diese grundsätzlichen Fragestellungen machen deutlich, dass es sich bei Business Intelligence insgesamt um einen komplexen Prozess mit vielfältigen Abhängigkeiten handelt, der nur auf Basis eines auf Unternehmensebene abgestimmten Gesamtkonzeptes sinnvoll gestaltet werden kann.

Die BI-Strategie muss aber auch auf einer abstrakteren Ebene aus der Unternehmens- und IT-Strategie abgeleitet sein und in Form von Richtlinien in einer verbindlichen BI- oder IT-Governance dokumentiert werden. Nur so kann BI den größtmöglichen Mehrwert gemessen an den strategischen Zielen des Unternehmens liefern.

Dabei stehen vier Ziele der BI-Strategie im Mittelpunkt:

- Das Vorantreiben der Unternehmensstrategie auf der Ebene von
  - Unternehmen
  - Bereichen/Abteilungen
  - singulärer/temporärer Zielsetzungen und KPIs

- Die Herstellung des »Single Point of Truth« (SPOT)
  - Einführung des Enterprise Data Warehouse (EDWH)
  - Abbau von Bypass-Reportings
  - Vereinheitlichung des Regelwerkes zur Datenverarbeitung
  - Bereitstellung von interaktiven Standardreports und der Möglichkeit zur Erstellung individueller Reports
- Kostensenkung
  - durch weitestgehende Automatisierung
  - Abbau von Bypass-Reportings
  - Prozessoptimierung
- Wachstum
  - Verbesserung des Kundenangangs durch optimale Datenqualität
  - Hebung der Kundenpotenziale und Verkaufserfolge aufgrund von BI-Analysen z.B. beim Cross- und Upselling
  - Erhöhung der Kundenbindung durch Verbesserung der Services auf Basis hoher Datenqualität und flexibler Handlungsoptionen in der aktiven Kundenbetreuung

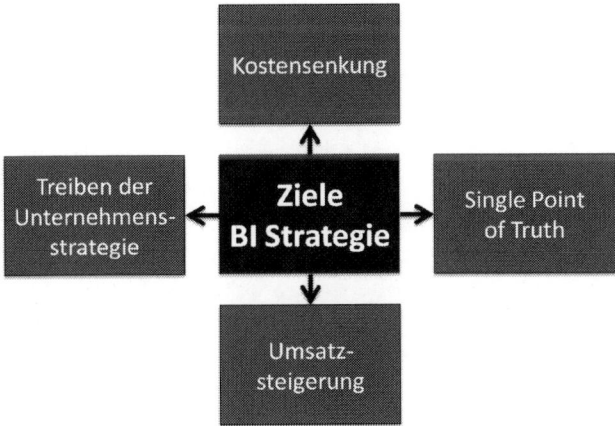

Abb. 6.1:   Ziele einer BI-Strategie

Bezogen auf den möglichen Mehrwert von IT im Allgemeinen und BI im Besonderen möchten wir an dieser Stelle den notwendigen Wandel in der Wahrnehmung von IT- und BI-Abteilungen im Unternehmen auch noch aus einem anderen Blickwinkel betrachten, der die Aspekte Zeit und Kosten berücksichtigt.

IT wurde in der Vergangenheit in erster Linie als Kostenverursacher wahrgenommen. Die Hauptaufgabe von DWH und BI waren die Bereitstellung von Informationen. Als strategisches Element auf Unternehmensebene zur Generierung von Umsatz, Kostensenkung und Erhöhung des Unternehmenswertes gerieten IT und BI erst nach und nach in den Fokus. Gleichwohl stehen IT-Verantwortliche immer mehr in einem permanenten Rechtfertigungszwang, was die Weiterentwicklung von Systemen und die Freigabe von Budgets betrifft. Inzwischen spricht man von einer IT-Rendite, die von der IT nachgewiesen werden muss. Eine solche Rendite ist aber zum einen nur auf Basis strukturierter Prozesse und Systeme und zum anderen nur auf Basis einer aus den Unternehmenszielen abgeleiteten Strategie berechenbar, die die Zuordnung von messbaren Erfolgen der IT zu Unternehmenszielen möglich macht. Das bedeutet, dass die Einbindung von IT und BI in die strategische Planung des Unternehmens einen völlig anderen Stellenwert bekommen muss, als dies bisher zumeist der Fall war (vgl. Kapitel 2).

IT und BI werden heute noch vielfach als reine Serviceerbringer z.B. für die Bereitstellung von Zahlen für die Jahresplanung des Folgejahres oder die Durchführung unterjähriger Vertriebs-Reviews gesehen.

IT und BI sollten jedoch als aktive Mitglieder eines Teams gesehen werden, das in einem permanenten Prozess, der die Dynamik des Unternehmens selbst und der Märkte widerspiegelt, konstruktiv die Ausrichtung auf eine mehrjährige Zielperspektive vornimmt. Im Sinne dieser Sichtweise werden IT und BI dann in die fachlichen Diskussionen einbezogen und können als Treiber technologischer Entwicklungen im Sinne der Gesamtzielerreichung agieren.

Die folgende Grafik veranschaulicht den erforderlichen Wandel der Sicht auf die IT im Unternehmen:

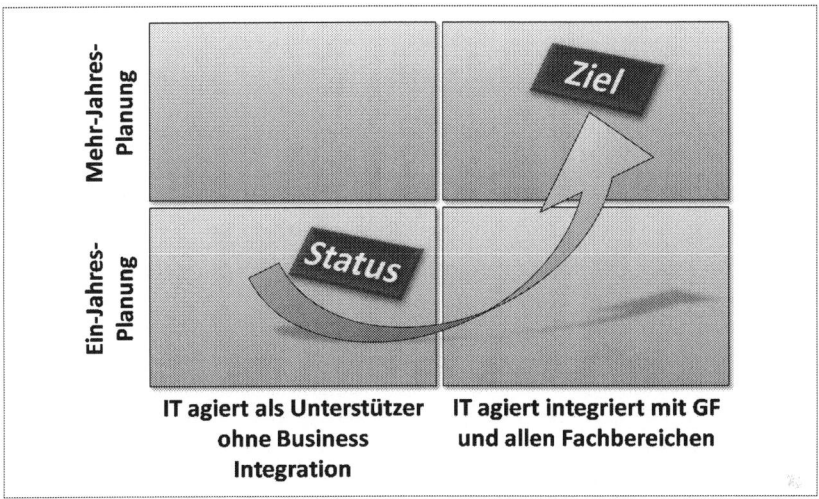

Abb. 6.2: Wandel der Sicht auf IT im Unternehmen

6.3 Business Needs

Als *Business Need* bezeichnen wir in diesem Zusammenhang fachliche Anforderungen, die prozessual und systemisch abgebildet werden müssen. Dabei kann es sich sowohl um die Abbildung von komplexen Prozessen handeln als auch um granularere Anforderung auf Ebene von Geschäftsvorfällen, die aus einem fachlichen Grund benötigt werden. Entscheidend ist, dass ein Fachbereich eine Umsetzung in einem IT-System benötigt, um seine Aktivitäten im Sinne der Unternehmensstrategie zu optimieren.

Der Ausgangspunkt allen unternehmerischen Handelns ist das Geschäftsmodell mit dem Ziel, Gewinne zu erzielen. Diese einfache Erkenntnis wird in vielen (IT-)Projekten immer wieder vernachlässigt. IT-Systeme, die keinen direkten Nutzen im Sinne der unternehmerischen Gesamtaufgabe haben, sind überflüssig. Daher muss jede Anforderung an die IT und an Business Intelligence nach ihrem Sinn in Bezug auf das angestrebte unternehmerische Ziel bewertet werden: Handelt es sich wirklich um einen Business *Need*? Hat das Unternehmen in Summe einen Vorteil durch die Umsetzung einer Anforderung? Könnte sie auch ohne negative Konsequenzen entfallen oder würde eine Umsetzung sogar Nachteile nach sich ziehen?

Ist eine Anforderung als Business Need klassifiziert, sollte ihre Umsetzung von der IT grundsätzlich nicht mehr in Frage gestellt werden. Diskussion über die Sinnhaftigkeit von Anforderungen sollten in gemeinsam von Business und IT besetzten Gremien verbindlich für alle Beteiligten geführt und mit einer Anforderungsklassifizierung beendet werden (vgl. Abschnitt 3.6).

Ein tatsächlicher Business Need leitet sich aus der strategischen unternehmerischen Zielsetzung ab. Aus ihm ergeben sich die konkreten Anforderungen an die Prozesse und deren Abbildung in operativen Systemen sowie die nachgelagerten Reporting-, Monitoring- und Steuerungsprozesse. Zum Business Need gehört daher immer auch die Definition, wie die Erreichung der mit ihm verbundenen Zielsetzung gemessen werden kann. Auch in diesem Zusammenhang muss ganz klar gesagt werden, dass dies keine Aufgabe von IT-Abteilungen ist. Vielmehr muss von der Fachseite, die einen Geschäftsvorfall und seine Zielsetzungen beschreibt, genau definiert werden, was als Erreichung des Ziels gewertet wird. IT-Abteilungen können hierbei natürlich unterstützen und beratend tätig werden. Fachlich verantwortlich für diese Vorgaben muss jedoch der anfordernde Fachbereich sein.

Mit der Beschreibung eines Business Need sowie der Definition seiner Ziele und Messgrößen gibt die Fachabteilung der IT alle notwendigen Informationen, um den technischen Prozess zur Messung der Zielerreichung und der Bereitstellung der Ergebnisse aufzusetzen. Fachbereiche handeln also im eigenen Interesse, wenn sie der IT möglichst genau Detailinformationen darüber liefern, was inhaltlich mit einem Business Need erreicht werden soll und wie die Zielerreichung gemessen werden kann. Die Definition von Zielen und Messgrößen der Zielerreichung sollte daher immer mit der fachlichen Definition des Business Need selbst einhergehen.

Wir betonen diesen Aspekt deshalb so deutlich, weil in der Praxis von Unternehmen die Offenlegung der fachlichen Basisinformation von

Business Needs immer wieder Gegenstand von Diskussionen ist. In einigen Fällen haben Anforderer sich regelrecht geweigert, ihre genauen Anforderungen zu beschreiben und/oder die fachlichen Logiken zur Berechnung von Zielerreichungen zu definieren, während sie gleichzeitig jedoch die Umsetzung ihrer Anforderungen von der IT einfordern. Diese Vorgehensweise basiert in der Regel auf sehr spezifischen Motivlagen, über die dann seitens der IT nur spekuliert werden kann. Allerdings findet man Erklärungsansätze zumeist in einem Kontext, auf den wir in Kapitel 11 eingehen.

6.4 Business Needs und operative Prozesse

Ein Business Need muss fachlich beschrieben und sein zugehöriger Prozess modelliert werden. Bei der Definition von Prozessen geht man heute in vielen Fällen zu schnell davon aus, dass der gesamte Workflow in einem IT-System abgebildet werden muss. Das verleitet dazu, sich bei der Prozessdefinition an den Gegebenheiten von Systemen zu orientieren in der Annahme, die Abbildung in diesen Systemen sei dann später leichter. Dadurch können Unternehmensprozesse oft von vornherein sehr IT-lastig werden und das eigentliche Geschäftsmodell oder die Belange der ausführenden Mitarbeiter nicht ausreichend berücksichtigen.

Bei einer überschaubaren Anzahl von Prozessen oder bei der Definition erster Kernprozesse ergibt sich hieraus noch kein Problem. In großen Unternehmen mit hoher Komplexität der Gesamtprozesse führt diese Vorgehensweise aber mittel- bis langfristig zu dem Effekt, dass Mitarbeiter sich als »Sklaven der Systeme« fühlen. Das kann soweit gehen, dass offensichtlich sinnvolle Vorgehensmodelle von Mitarbeitern nicht angewandt werden können, weil IT-Systeme eine andere Bearbeitung von Vorgängen vorgeben. Die Effekte eines solchen Szenarios auf Motivation, Kreativität und Engagement der Mitarbeiter liegen auf der Hand. In extremen Fällen werden auch Ziele wie Auftragseingang gefährdet, weil ein Auftrag »nicht eingebucht« werden kann.

Prozesse sollten daher unabhängig von IT-Systemen beschrieben werden, bis sie den Anforderungen des Unternehmens und der Mitarbeiter entsprechen. Natürlich sollte aus diesem Ansatz aber auch kein Dogma gemacht werden, durch das vorhandene Informationen über operative Systeme, die mit großer Wahrscheinlichkeit genutzt werden müssen, ignoriert werden. Ist z.B. von Anfang an bekannt, dass ein SAP R/3-System eingesetzt wird, macht es keinen Sinn, einen Prozess zu designen, der mit Sicherheit dort nicht abgebildet werden kann.

Grundsätzlich sollte ein Prozess jedoch auf Basis der unternehmerischen Zielsetzung gestaltet werden. In diesem Kontext sollte daher auch von Beginn an berücksichtigt werden, dass die Ergebnisse messbar sein müssen. Das Prozessdesign muss also frühzeitig beschreiben, welche operativen Daten erzeugt werden müssen und wie aus diesen eine Zielerreichung abgeleitet werden kann.

6.5 Operative Prozesse und Daten

Man darf davon ausgehen, dass Unternehmen auf Basis der Unternehmensziele gesteuert werden. Das bedeutet, dass die Unternehmensziele in der Kurz-, Mittel- und Langfristplanung abgebildet und diese in die Organisation kaskadiert werden, bis jeder Mitarbeiter seine persönlichen Ziele kennt und konkret an ihrer Erreichung arbeiten kann. Auf Basis dieser Planung erfolgt dann eine permanente Kontrolle darüber, ob die Ziele erreicht werden oder Korrekturen an der aktuellen Vorgehensweise notwendig sind. So weit, so gut.

Für DWH und BI bedeutet das, dass sich durch die Ausrichtung der Prozesse an Unternehmenszielen automatisch der Informationsbedarf über diesen Prozess ergibt. Oder anders ausgedrückt: Wenn das Ziel bekannt und der Weg dorthin beschrieben ist, dann ist auch ein Reporting beschreibbar, das den Grad der Zielerreichung misst. Diese Beschreibung sollte schon im Rahmen der fachlichen Beschreibung des Business Need erfolgen (siehe oben).

In der Folge kann genau definiert werden, welche Daten durch den operativen Prozess erzeugt und wie sie weiterverarbeitet werden müssen, damit Business Intelligence Kennzahlen und KPIs berechnen kann, die eine Aussage über die Zielerreichung auf jeder Ebene bis hin zur Gesamtperformance des Unternehmens liefern.

In der Praxis weichen jedoch Planungsdaten und aktuelle Daten für das Monitoring der Zielerreichung oft strukturell voneinander ab – zum Beispiel durch fehlende Bewegungsdaten oder heterogene Stammdaten. In diesem Fall ist aus der Perspektive der Planungsdaten nur ein unscharfes Bild auf die aktuelle Unternehmenslage möglich, sodass eine Steuerung mit Blick auf die geplanten Unternehmensziele nicht sichergestellt werden kann. So einfach der oben geschilderte Zusammenhang auf den ersten Blick erscheinen mag, so vielfältig sind die Fallstricke, die hier in der Praxis liegen und im Extremfall dazu führen können, dass z.B. ein Umsatzbericht völlig unbrauchbar wird – mit den üblichen Folgen: keine Nutzung des zentralen Reportings, Bypass-Reporting, hohe Kosten der Systeme bei geringem Nutzen etc. (vgl. Kapitel 5).

Oft existieren operative Prozesse und Systeme, schon bevor ein Reporting-Bedarf definiert wird. Dann muss zunächst geprüft werden, ob alle Daten in ausreichender Qualität generiert werden, die für die Berechnung der Berichte notwendig sind (vgl. Abschnitt 3.11). Sollte dies nicht der Fall sein, müssen in zumeist aufwendigen Abstimmungen die operativen Prozesse und Systeme an den Reporting-Bedarf angepasst werden. Dieser Schritt kann in großen Unternehmen mit komplexen IT-Architekturen extrem aufwendig werden – insbesondere dann, wenn Daten aus unterschiedlichen Datenquellen im DWH konsolidiert werden müssen, um einen übergeordneten Report zu erzeugen. Je nach Datenquelle kann es spezifische Probleme in der Qualität der gesammelten Daten geben: Nullwerte, inkonsistente Dateneingaben, fehlende Felder etc.

Wenn dann IT-Abteilungen auf System- und Daten-Owner oder die Fachbereiche zugehen, um die notwendigen Anpassungen vorzunehmen, fragen diese oftmals: »Wer ist der Anforderer? Wer braucht das? Was ist der Business Need?«.

Diese Fragen können in einer solchen Situation nur gestellt werden, wenn diesen Ansprechpartnern auf Ebene der operativen Prozesse und Systeme die Anforderung nicht bekannt ist, die der Auslöser für die Aktivität der IT war. Es handelt sich in diesen Fällen also um ein Kommunikationsdefizit z.B. innerhalb eines Fachbereiches, der zwar eine Anforderung an die IT gestellt, jedoch die in seinem Bereich betroffenen Ansprechpartner auf Ebene der operativen Prozesse und Systeme darüber nicht informiert hat.

Im schlechtesten Fall wird eine Anforderung in der Folge fachseitig völlig neu diskutiert und in Frage gestellt, z.B. weil aus Sicht eines operativen Systems die Anforderung nicht so trivial ist, wie die Fachseite vermutet hatte. Die bis zu diesem Zeitpunkt erbrachten Leistungen der IT-Abteilung für diese Anforderungen bleiben dann zunächst ohne Gegenwert. Wenn man davon ausgeht, dass in den meisten Unternehmen viele solcher Szenarien parallel vom IT-Bereich bearbeitet werden müssen, ohne dass wirkliche Mehrwerte entstehen, wird deutlich, dass die Koordination fachlicher Anforderungen eine Aufgabe ist, die in einem mit allen Fachbereichen und der IT besetzten Gremium durchgeführt werden muss, das einen Überblick über alle Prozesse und Systeme hat sowie über die relevanten Meta-Daten verfügt (vgl. Kapitel 9).

Für die oben beschriebenen Szenarien kann festgehalten werden, dass kaum Möglichkeiten bestehen, eine Reporting-Anforderung umzusetzen, wenn kein Auftraggeber hinter dieser Anforderung steht, der den Handlungsbedarf bei allen Beteiligten sicherstellen kann.

An einem solchen Punkt angekommen besteht die Gefahr, dass DWH und BI in den Teufelskreis des »Bypass-Reportings« geraten und dauerhaft keinen Mehrwert im Unternehmen liefern können (vgl. Kapitel 5). Dieses Erfolgshemmnis kann nur durch eine enge Verzahnung des Designs operativer Prozesse und Systeme mit der DWH/BI IT verhindert werden.

Damit bildet ein sauber aufgesetztes Anforderungsmanagement einen wichtigen Aspekt in Bezug auf eine zentrale Forderung bei der Umsetzung von Business Intelligence, die schon in Vorwort und Einleitung thematisiert wurde: Business und IT müssen zusammenwachsen, um gemeinsam Mehrwerte für das Unternehmen zu erzeugen.

6.6 Das Enterprise Data Warehouse als »Single Point of Truth«

Durch die saubere Abbildung der Business Needs in transparenten operativen Prozessen werden alle Rohdaten erzeugt, die für das Monitoring der angestrebten Unternehmensziele benötigt werden. Damit ist eine der wichtigsten Voraussetzungen für ein qualitätsgesichertes, steuerungsrelevantes Reporting aus DWH und BI gegeben. Aber es bedarf an diesem Punkt zwingend noch eines weiteren konsequenten Schrittes, ohne den alle vorherigen Maßnahmen ihre positive Wirkung verlieren würden.

Eine der zentralen Grundvoraussetzungen für eine effektive Unternehmenssteuerung auf Basis von Daten ist die Konsolidierung aller operativen Datenquellen in ein Datenbanksystem, das für das gesamte Unternehmen den zentralen Datenbestand für alle Auswertungen bereithält. Das bedeutet ausdrücklich nicht, dass es sich um nur eine große Datenbank handeln muss, sondern wird gerade in größeren Unternehmen einen Verbund von Datenbanken und/oder Data Warehouses erfordern, die nach unternehmensspezifischen Kriterien in Cluster aufgeteilt werden (fachliche »Domänen«, vgl. Abschnitt 8.1.10). Der Einfachheit halber sprechen wir im weiteren Verlauf in diesem Zusammenhang von *dem* »Enterprise Data Warehouse (EDWH)« und meinen damit die Data Warehouse-Gesamtarchitektur als *Institution* im Unternehmen.

Entscheidend sowohl für den Aufbau als auch für die spätere Nutzung des EDWH ist dessen uneingeschränkte Akzeptanz als einzigem Lieferanten für Daten über alle Bereiche und Hierarchieebenen im Unternehmen. Das EDWH muss der »Single Point of Truth« (SPOT) im Unternehmen sein. Nur so sind hohe Datenqualität, Reporting-Sicherheit und damit die für Analysen unabdingbare Vergleichbarkeit von Kennzahlen und KPIs zu erreichen.

Im Idealfall könnte ein *Gütesiegel* wie z.B. »Trusted Data« oder »BI proofed« eingeführt werden, das den Usern die Qualität der Reports garantiert und zu einem anerkannten *Brand* im Unternehmen wird. Der Aufbau eines solchen Brand setzt voraus, dass in Meetings, Reviews usw. keine Reports als Diskussionsgrundlage akzeptiert werden, die nicht das EDWH-Siegel tragen – also nicht aus dem EDWH kommen. Alleine die konsequente Aufrechterhaltung dieser Vorgabe wird innerhalb kürzester Zeit offenlegen, aus wie vielen Bypass-Reportings Berichte geliefert werden, und es wird dadurch automatisch der Konsolidierungsbedarf auf Systemebene identifiziert. In der Regel werden die Nutzer der Bypass-Reportings darauf verweisen, dass sie nicht »aussagefähig« sind, wenn diese Reports nicht mehr verwendet werden dürfen. Eine solche Aussage ist aber nichts anderes als die Bestätigung für die Notwendigkeit zur konsequenten Konsolidierung der DWH-Architektur, denn Bypass-Reportings sind teuer, ineffizient und verhindern den Aufbau von Business Intelligence.

Die Ressourcen, die in den Fachabteilungen für den Aufbau von Bypass-Reportings benötigt werden, müssen im Rahmen der Konsolidierung der EDWH-Architektur dafür genutzt werden, die Anforderungen der Fachbereiche, die das EDWH bis dahin nicht erfüllen kann, zu definieren, mit der EDWH IT abzustimmen und im EDWH umzusetzen. Nur dadurch wird die Akzeptanz des Systems gesteigert, nur dann wird das System genutzt, und nur dann wird die Verschwendung von Ressourcen durch redundantes Bypass-Reporting beendet. Die Einführung des EDWH bei gleichzeitiger Abschaltung der Bypass-Reportings ist damit ein aktiver Beitrag einer BI-Initiative zur Kostensenkung auf Unternehmensebene und zur Steigerung der Effizienz und Business-Relevanz der IT.

Zur Anforderungsaufnahme sollte die EDWH-IT aus den im vorherigen Unterkapitel beschriebenen Gründen mit einem eigenen Anforderungsmanagement und einem von der ersten vagen Formulierung einer Anforderung bis zu deren Umsetzung ausspezifizierten Prozess ausgestattet sein. In diesem Anforderungsmanagement-Prozess (AFM-Prozess) sind die Fachbereiche die Know-how-Träger für die Frage, welche Umsetzungsvariante genau den eigentlichen Business

Need trifft und welche Daten in welcher inhaltlichen Art verarbeitet werden müssen, damit die Reports später die benötigten Aussagen liefern.

Das bedeutet, dass in einer sauber aufgesetzten EDWH-Architektur mit einem definierten Anforderungsmanagementprozess und der verbindlichen Regelung, dass nur EDWH-Reports in Meetings akzeptiert werden, alle Beteiligten automatisch an einer optimalen Datenqualität arbeiten. Denn die Fachbereiche haben im Rahmen dieser BI-Organisation ein starkes Interesse daran, dass die für die eigene Aussagefähigkeit benötigte Qualität erzeugt wird – und zwar beginnend beim Business Need über den operativen Prozess, die entstehenden operativen Daten und die EDWH-Prozesse (ETL) bis zum eigentlichen Report.

Der Ansatz des Enterprise Data Warehouse als »Single Point of Truth« ist damit als Königsweg zu der von allen Beteiligten benötigten Prozess- und Datenqualität sowie den durch Business Intelligence zu erzeugenden Business Benefits zu sehen.

Kapitel 7

Vom Enterprise Data Warehouse zum »Business Enabler BI«

Dieses Kapitel behandelt folgende Inhalte:

■ Die wichtigsten Closed Loops der BI

■ Schichtenmodell der Closed Loops der BI

■ Business Intelligence & operative Wertschöpfung

7.1 Closed Loop Monitoring

Sind alle Prozesse und Ableitungen aus Kapitel 6 sauber aufgesetzt, besteht die Möglichkeit, den Closed Loop »Monitoring« zu aktivieren:

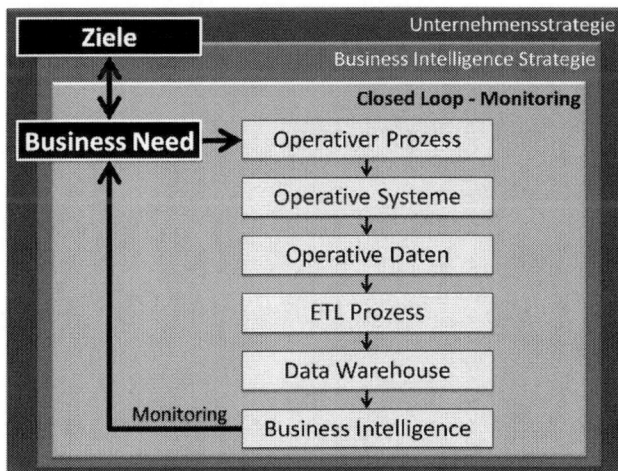

Abb. 7.1:   Closed Loop Monitoring

Business Intelligence ist auf dieser »Evolutionsstufe« dazu in der Lage, Planungsdaten abzubilden und anhand laufender Monitoring-Prozesse gegen die aktuelle Geschäftsentwicklung zu spiegeln, sodass eine sinnvolle, an der Realität ausgerichtete Ableitung von Maßnahmen auf Ebene Topmanagement, Sales Operation, Marketing oder Controlling möglich ist.

Diese »Evolutionsstufe« ist wahrscheinlich in allen Unternehmen in der einen oder anderen Form erreicht worden und auch ohne ausgewiesene Business Intelligence realisierbar, wenn auch mit sehr viel höheren Aufwänden als mit Business Intelligence. Der übergeordnete Mehrwert des Closed Loop Monitoring erschließt sich aber erst dann, wenn er in den Kontext eines evolutionären Modells gestellt wird und hier die erste Stufe zum Aufbau weiterer Closed Loop-Schichten darstellt. Darauf aufbauend können dann die weiteren Ebenen über den Closed Loop »Business Push« bis hin zum »Schichtenmodell Closed Loops der Business Intelligence« entwickelt werden.

7.2 Closed Loop Quality

Nachdem das Monitoring von Zielerreichungen sichergestellt ist und die entsprechenden Berichte in Regelprozessen ihre Adressaten erreichen, kommen oft Diskussionen über die inhaltliche Qualität der Berichte auf. Im vorherigen Kapitel haben wir beschrieben, dass eine ausreichende Datenqualität immer nur in einem EDWH erzeugt werden kann, neben dem keine Bypass-Reportings existieren, wobei wir unter EDWH auch einen Verbund mehrerer DWHs verstehen und nicht nur ein einziges, großes DWH. Nur aus einem zentralen EDWH heraus kann es gelingen, die Qualität von Bewegungs- und Stammdaten dauerhaft auf hohem Niveau zu halten.

Hierfür sollte ein eigener »Closed Loop Quality« aufgebaut werden, in dem die Qualität der dem EDWH vorgelagerten Prozesse und Daten anhand von KPIs gemessen wird. Die Ergebnisse müssen den Verantwortlichen von Prozessen und operativen Systemen zurückgespielt werden, um Optimierungen direkt am Ursprung eventueller Defizite vornehmen zu können.

Damit wird im EDWH im Rahmen des Aufbaus von Business Intelligence eine zweite evolutionäre Stufe erreicht, die die Vergabe eines »Gütesiegels« wie »Trusted Data« oder »BI proofed« als Qualitätsgarantie für die Berichte aus dem EDWH ermöglicht. Im Idealfall werden der »Closed Loop Monitoring« und der »Closed Loop Quality« von Beginn an parallel aufgebaut, wodurch sich ein Unternehmen die Phase unproduktiver Diskussionen über Prozess- und Datenqualität sparen kann. Die Aufwände, die in den parallelen Aufbau dieser Closed Loops investiert werden, amortisieren sich in kürzester Zeit durch die Einsparung hoher, dem EDWH nachgelagerten Abstimmungsaufwände.

Die folgende Grafik zeigt die zweite »Evolutionsstufe« mit zwei parallel laufenden Closed Loops:

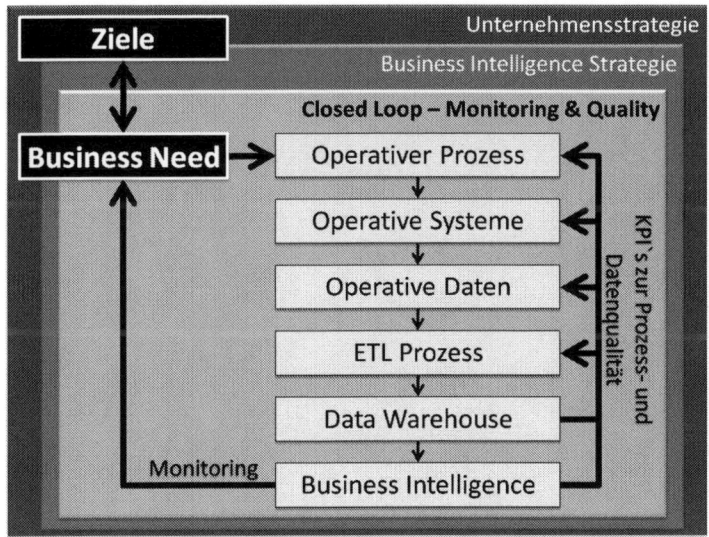

Abb. 7.2:   Closed Loop Quality

7.3 Closed Loop Business Push

Auf der dritten »Evolutionsstufe« wachsen operative und dispositive Systeme zusammen. Informationen innerhalb operativer Prozesse kommen mal aus dem operativen System selbst, mal sind sie das Ergebnis einer im Hintergrund im EDWH berechneten Analyse. Für den User an seiner Arbeitsoberfläche (GUI) bleibt dieser Vorgang unmerklich – er arbeitet mit allen verfügbaren Informationen in seiner gewohnten Arbeitsplatzumgebung. Mit dieser Rückkopplung von BI-Ergebnissen in die operativen Systeme ist eine funktionstüchtige Infrastruktur zur Generierung von Business Benefits durch Business Intelligence verfügbar. Damit beginnt Business Intelligence, ihren Nutzen für das Business voll zu entfalten und ihre Rolle als Business Enabler wahrzunehmen.

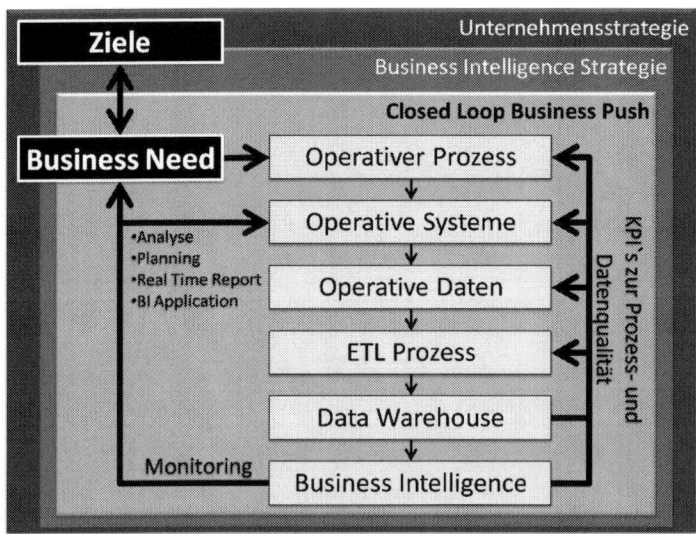

Abb. 7.3: Closed Loop Business Push

Der Doppelpfeil zwischen den Elementen »Ziele« und »Business Need« in den Abbildungen 7.1 bis 7.3 deutet einen wichtigen Aspekt an: Business Needs leiten sich natürlich weiterhin aus den Zielen der Unternehmensstrategie ab; das ist der Standard – aber:

Hinweis

Die IT kann ab der dritten »Evolutionsstufe« Input in die Ziele und die Unternehmensstrategie zurückliefern, indem aus qualitativ hochwertigen technischen Analysen neue Business Opportunities und Geschäftsmodelle abgeleitet werden.

So können zum Beispiel aus der Analyse von Kundenkontakten im Callcenter neue Cross- oder Upselling-Potenziale ermittelt werden, die auf Basis des ursprünglichen Geschäftsmodells nicht transparent geworden sind. Die Möglichkeit, solche Potenziale zu identifizieren, hat wiederum direkte Auswirkungen auf die Planungsprozesse, in denen die angestrebte Ausschöpfung der neuen Potenziale abgebildet wird.

Dieser Aspekt ist für die Unterstützung des Corporate Performance Managements durch Business Intelligence von zentraler Bedeutung. Denn durch diesen strategischen Mehrwert von BI verlässt die IT ihre passive Rolle und wird zu einem aktiven Gestalter von Zukunftsperspektiven für das gesamte Unternehmen. Gleichzeitig können auf Basis dieser Infrastruktur erstmalig die Messgrößen zur Berechnung eines Wertbeitrages der IT sinnvoll definiert und die entsprechenden Kennzahlen und KPIs berechnet werden, weil Aufwänden der IT konkrete Business Benefits gegenübergestellt werden können.

Ab dieser Stufe wird die IT im Unternehmen nicht mehr nur als Kostenverursacher wahrgenommen, sondern als Partner der Fachbereiche zur Erzeugung von Mehrwerten im Sinne des Unternehmenserfolges. Dieser Wandel in der Sicht auf die IT ist die entscheidende Voraussetzung dafür, dass sich eine Eigendynamik im Zusammenspiel von Business und IT entwickeln kann, die dauerhaft positive Auswirkungen auf die Steuerungsfähigkeit des Unternehmens insgesamt haben wird. Durch ihre Wirkung als »Business Enabler« für die Fachbereiche gewinnt die IT an Akzeptanz und Glaubwürdigkeit und damit an Handlungsspielraum.

Hinweis

Durch die dritte »Evolutionsstufe« von Closed Loops der BI ist die Integration von Business und IT soweit fortgeschritten, dass ein Wertbeitrag der IT ermittelt werden kann. Damit ist die entscheidende Grundvoraussetzung geschaffen, um die IT nicht mehr nur als Kostenverursacher, sondern als aktiven Partner der Fachbereiche zur Generierung von Mehrwerten wahrzunehmen.

Für Details zum Wertbeitrag der IT vgl. Abschnitt 2.3, IT-Rendite.

7.4 Schichtenmodell »Closed Loops der Business Intelligence«

Die beschriebenen Closed Loops zielen in Summe durch die Kombination und die wechselseitige Beeinflussung der in jedem einzelnen Loop erzeugten Mehrwerte darauf ab, durch Business Intelligence qualitativ hochwertige Informationen so bereitzustellen, dass aus dem »Rohstoff Informationen und Daten« neues Geschäft generiert werden kann. Dies kann auf allen definierten Ebenen von Business Intelligence (vgl. Abschnitt 4.6.1) geschehen:

- auf der langfristigen, strategischen Ebene durch die Rückkopplung von Ergebnissen, die die Unternehmensstrategie und die Ziele und damit alle nachgelagerten Planungs- und Umsetzungsprozesse beeinflussen,

- auf der mittelfristigen, taktischen Ebene durch die Rückkopplung von Ergebnissen, die die Methoden der Zielerreichung verbessern,

- auf der kurzfristigen, operativen Ebene durch die Rückkopplung von Ergebnissen, die z.B. dem Mitarbeiter am Point of Sales oder im Marketing eine konkrete Handlungsoption aufzeigen, die in einen Vertriebserfolg oder einen neuen Sales Lead (Vertriebsoption) münden.

Im Idealfall werden alle Closed Loops gleichzeitig aufgesetzt und aktiviert. Dies wird jedoch in der Praxis so gut wie nie möglich sein, denn inhaltlich bauen sie in aller Regel in der Reihenfolge wie oben beschrieben aufeinander auf.

Die erste Frage, die in einem Unternehmen immer zu beantworten sein wird, lautet: *Wie stehen wir in Bezug auf unsere Ziele?* Es wird also ein Monitoring benötigt. Existiert das Monitoring und es werden entsprechende Berichte erzeugt, kommt die Frage auf: *Sind die Ergebnisse richtig?* Diese Frage zielt auf den Closed Loop Quality ab, der die qualitative Optimierung von vorgelagerten Prozessen und operativen Daten sicherstellen muss. Ist die optimale Qualität der Berichte gegeben, folgt in der Regel die Fragestellung mit Blick auf das eigentliche Ziel: *Wie können wir die Analyseergebnisse in Vertriebserfolge ummünzen?*

Es gibt also immer eine gewisse zeitliche »Schichtung« der Closed Loops. Selbst wenn ein BI-Projekt den Aufbau der Closed Loops von Beginn an konsequent plant und umsetzt, wird es immer eine gewisse zeitliche Verzögerung zwischen deren Aktivierungszeitpunkten geben, die eventuell nur an der nacheinander erfolgenden Anschaltung von Teilsystemen im Rahmen des Wirkbetriebsübergangs liegt. Diese Schichten von Closed Loops bilden im Endausbau eine Schnittmenge, in der sich die positiven Wirkungsweisen der einzelnen Loops überlagern.

Die folgende Abbildung zeigt die drei Closed Loops der Business Intelligence als Schichtenmodell in einer etwas abstrakteren Form:

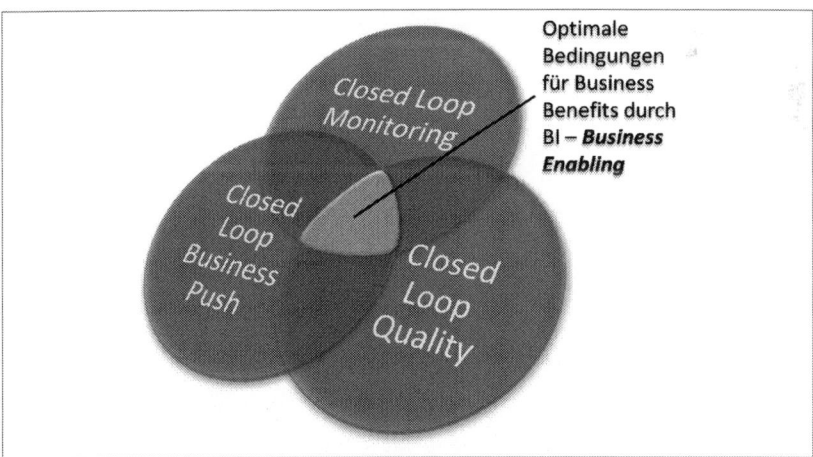

Abb. 7.4: Schichtenmodell Closed Loops der BI

Das Schichtenmodell veranschaulicht die zeitliche Parallelität sowie die Überlagerung der Abläufe. In der Endausbaustufe sind alle Loops gleichzeitig aktiv und erzeugen die von ihnen erwarteten Mehrwerte, die jeweils wieder positiv in die Optimierungsprozesse der anderen Loops einwirken. In der Schnittmenge der Loops herrschen optimale Bedingungen zur Generierung von Business Benefits durch Business Intelligence mit einer hohen Optimierungsdynamik vorgelagerter Prozesse und konsequenter Ausrichtung an den Unternehmenszielen:

- Exakte Ausrichtung des Monitorings auf die Ziele
- Hohe Prozess- und Datenqualität
- Permanente Rückkopplung von Analysen in die Wertschöpfungskette

Business und IT sind in diesem Szenario vollständig miteinander verzahnt, und Business Intelligence ist in die operativen Prozesse und damit in die Wertschöpfungskette integriert. Damit agiert die IT auf hohem Niveau als Partner und Business Enabler der Fachbereiche.

Die noch fehlende Dimension in diesem Modell sind die fachlichen Themen, für die die Closed Loops aufgesetzt werden. Die folgende Abbildung zeigt diesen Zustand am Beispiel Sales, Marketing und Controlling:

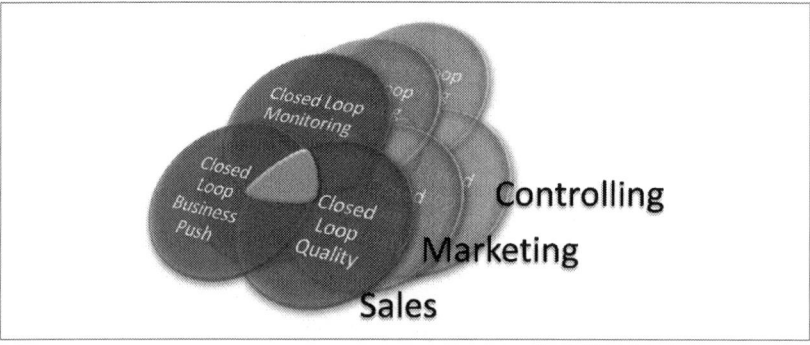

Abb. 7.5:   Schichtenmodell Closed Loops der BI und Fachbereiche

Business Intelligence entfaltet ihr enormes Potenzial als Business Enabler für das ganze Unternehmen genau dann vollständig, wenn die drei Closed Loops mit ihrer Überlagerung für alle Fachbereiche im Unternehmen aktiv sind.

Über die Fachbereiche in der Abbildung 7.5 hinaus können auch andere Bereiche wie Human Resources oder Business Development von Business Intelligence profitieren. Ziel jeder BI-Initiative muss es sein, die drei Loops der BI für möglichst viele Bereiche des Unternehmens zu aktivieren, um optimale Rahmenbedingungen für die Generierung von Business Benefits zu schaffen.

7.5 Business Intelligence und operative Wertschöpfungskette

Ausgehend vom Enterprise Data Warehouse mit hoher Prozess- und Datenqualität, die in permanenten Prozessen und Rückkopplungen in die operative Ebene sichergestellt wird, sowie der Rückkopplung von EDWH-Auswertungen in die operativen Prozesse und Systeme kann Business Intelligence entstehen.

Erst wenn Mitarbeiter in Sales oder Marketing mehr Auftragseingang generieren, weil sie Informationen aus dem EDWH in ihren Regelprozessen verwenden, kann man von Business Intelligence sprechen. Erst wenn Controlling nicht mehr mit Sammeln und Verarbeiten, sondern mit der Analyse von Daten und der Ableitung von Maßnahmen beschäftigt ist, beginnt ein EDWH, steuerungsrelevante Informationen bereitzustellen. Wenn Human Resources z.B. virtuelle Organisationen mit aktuellen Planungsdaten abbilden kann, kann mithilfe von BI unternehmerische Zukunft gestaltet werden.

In dieser Ausbaustufe kann Business Intelligence z.B.

■ eine 360°-Kundensicht für Mitarbeiter in Callcentern zur Verfügung stellen, die dadurch anhand individueller Kundendaten in nahezu Echtzeit (Near Real Time) konkrete Potenziale für Cross Selling oder Churn Prevention nutzen können,

- Forecast-Berichte auf Basis der *zu einem bestimmten Zeitpunkt* (Near Real Time) aktuellen CRM-Daten für Sales Reviews zeigen,

- interne und externe Daten über Kunden, Produkte und Organisationen bereitstellen, die im Marketing für Zielgruppenanalysen des Kampagnenmanagements genutzt und direkt aus dem EDWH zur Kampagnensteuerung im operativen CRM-System herangezogen werden können,

- Daten für die nächsten Schritte einer kollaborativen Bearbeitung von Kundenprojekten bereitstellen (vgl. Abschnitt 4.6): Alle an einem Kundenprojekt beteiligten Mitarbeiter erhalten auf Basis der Eingaben eines Teammitgliedes sofort automatisierte Benachrichtigungen über die von ihnen durchzuführenden Arbeiten bis zur Einhaltung des Kundenwunschtermins,

- Online-Dashboards bereitstellen, die in Meetings aller Ebenen direkt genutzt werden können.

Diese Beispiele lassen sich beliebig ergänzen.

Der entscheidende Mehrwert, den Business Intelligence in dieser Ausbaustufe liefert, ist die kreative Freiheit, mit der Management und Fachbereiche Geschäftsmodelle entwickeln und die Zukunft des Unternehmens gestalten können, ohne darüber nachdenken zu müssen, wie sich ihre Ideen technisch abbilden lassen und deren Mehrwert zu messen ist. Die Infrastruktur für die Gestaltung von Unternehmensprozessen und die Abbildung von Steuerungslogiken wird durch Business Intelligence bereitgestellt.

Kapitel 8

Business Intelligence auf Projektebene umsetzen

Dieses Kapitel behandelt folgende Inhalte:

■ Praxisnahe Darstellung eines modularen Projektaufbaus zur Erreichung eines gewünschten Zielszenarios

■ Business Intelligence & Service Oriented Architecture (SOA)

8.1 Projektinhalte

Nachdem in den vorangegangenen Kapiteln von möglichen Erfolgshemmnissen und Idealszenarien die Rede war, wollen wir nun Möglichkeiten aufzeigen, wie die zumeist komplexe Ausgangssituation, aus der heraus DWH- und BI-Projekte aufgesetzt werden, strukturiert und das Projekt zum Erfolg geführt werden kann. Dabei spielt es grundsätzlich keine Rolle, ob mit dem berühmten »Greenfield-Ansatz« ein komplett neues System aufgebaut oder ein schon existierendes System neu aufgesetzt oder weiterentwickelt werden soll. Entscheidend für den Projekterfolg sind immer eine klare Strukturierung der Themen und die Herstellung erfolgversprechender Rahmenbedingungen, wobei oft schon die Vermeidung von den Erfolg hemmenden Rahmenbedingungen ausreichend ist.

Es empfiehlt sich, zunächst ein Vorprojekt aufzusetzen, das die individuelle Ausgangssituation im Unternehmen daraufhin untersucht, ob die gegebenen Rahmenbedingungen den Erfolg eines BI-Projektes eher fördern oder ob gegebenenfalls bestimmte Voraussetzungen für den späteren Projekterfolg erst geschaffen werden müssen. Wir sprechen in diesem Zusammenhang von der »BI-Readiness« eines Unternehmens.

Da Business Intelligence-Projekte in der Regel alle Unternehmensteile berühren, sollte das Gesamtthema unter dem Dach eines Programms in einzelnen Projekten mit Teilprojekten organisiert werden. Bei aller eventuell entstehenden Komplexität ist es notwendig, einen Gesamtverantwortlichen zu benennen. Diese Ebene muss – neben der Beteiligung an den üblichen Gremien wie »Lenkungsausschuss« (Steering Committee) und Projektstatusmeeting direkt mit dem Linienmanagement, das den Auftrag für das Gesamtprojekt vergeben hat, in Kontakt treten können. Im besten Fall existiert im Unternehmen ein Business Intelligence Competence Center (BICC) als Stabsstelle an der Geschäftsleitung bzw. sollte im Rahmen des BI-Projektes im Unternehmen eingeführt werden. Aus dieser zentralen Position heraus werden alle Projekte und Teilprojekte verantwortlich gesteuert. Eine verteilte Verantwortung für die Steuerung eines BI-Projektes sollte grundsätzlich als Show-Stopper gesehen und vermieden werden.

Vor dem eigentlichen BI-Projekt sollten – je nach Unternehmen und Erwartungshaltung an das spätere System – verschiedene Vorprojekte durchgeführt werden, die die unterschiedlichsten Aspekte der Ausgangssituation der BI-Initiative evaluieren. In diesem Rahmen ist es sinnvoll, Optionen für Erfolgsszenarien zu erarbeiten, die vor Start des BI-Programms hergestellt werden sollten, sowie Erfolgshemmnisse zu identifizieren, die unbedingt vor Start des BI-Programms beseitigt werden müssen. Der Scope solcher Vorprojekte kann sich schon aus einem wie im folgenden Kapitel beschriebenen BI-Readiness-Check ergeben.

Die folgenden Vorprojekte und Projekte können als »Baukasten« verstanden werden, mit dem sich ein Unternehmen dem Thema Business Intelligence nähern kann, ohne sich am Anfang zu viel vorzunehmen oder intern überhöhte Erwartungshaltungen zu erzeugen. Aus einem BI-Readiness-Check heraus werden einzelne Themen identifiziert, die priorisiert in Angriff genommen werden sollen, um eine Basis für einen sukzessiven Aufbau von Business Intelligence zu legen. Diese modulare Vorgehensweise erlaubt die Konzentration auf die zum jeweiligen Zeitpunkt priorisierten Fachthemen und gleichzeitig den strategischen Aufbau des Gesamtsystems.

8.1.1 BI-Readiness

In diesem Vorprojekt erfolgt eine Bewertung von Prozessen und deren Abbildung in operativen Systemen, der Qualität der verwendeten Stamm- und Metadaten sowie unternehmenskultureller und -»politischer« Gegebenheiten hinsichtlich der Erfolgsaussichten von Business Intelligence-Projekten. In der Praxis wird an konkreten Fragestellungen geprüft, ob eher günstige oder ungünstige Voraussetzungen für die Einführung/Weiterentwicklung von Business Intelligence gegeben sind.

Typische Fragestellungen sind beispielsweise:

- Prozesse
  - Spiegeln die operativen Prozesse tatsächlich die Geschäftsvorfälle wider, mit denen an der Erreichung strategischer Unternehmensziele gearbeitet wird?
  - Sind diese Prozesse optimiert?
- Operative Systeme
  - Sind die oben erwähnten Prozesse entsprechend eines realen Geschäftsvorfalls in den Systemen abgebildet, aus denen Daten für BI extrahiert werden?
  - Generieren die operativen Systeme alle Daten, die für das Monitoring der Zielerreichung über alle Ebenen benötigt werden?
- Stammdaten
  - Arbeiten verschiedene Systeme mit heterogenen Stammdaten z.B. über Kunden und Produkte oder gibt es Prozesse zur unternehmensweiten Harmonisierung von Stammdaten?

- Metadaten
    - Liegen über alle Systeme aktuelle Dokumentationen vor, die ein System im Detail im Idealfall bis zum Reporting beschreiben?
- Unternehmen allgemein
    - Existiert eine allgemeine BI-Strategie als Teil einer IT-Strategie?
    - Wird BI von den Fachbereichen angefordert und besteht hier die Bereitschaft zur Mitarbeit?
    - Existieren Bypass-Reportings im Unternehmen?

Ein typischer Fragenkatalog zur Bewertung der BI Readiness ist natürlich sehr viel umfangreicher und darauf ausgelegt, systematisch alle relevanten Informationen zusammen mit den jeweiligen Experten im Unternehmen zu ermitteln.

Aber das reine Abhaken eines Fragenkataloges wird die Situation im Unternehmen nicht umfänglich erfassen. Wichtig bei einem BI Readiness Check ist, dass in persönlichen Gesprächen Informationen ausgetauscht werden, um die Analyse der Rahmenbedingungen um intuitive Aspekte zu erweitern. Viele Fragen können nicht mit einem einfachen Ja oder Nein, sondern nur in einer oft vielschichtigen Schilderung der gegebenen Situation beantwortet werden, die bewertet werden muss.

Beratungsunternehmen wie die Steria Mummert Consulting AG oder die proMetis Consulting GmbH bieten solche Vorprojekte als ausgereifte Produkte wie zum Beispiel *Business Intelligence Maturity Audit biMA*® (Steria Mummert) oder *BI Readiness Check BIRC*® (proMetis Consulting GmbH) an. Mit diesen Auditmethoden werden der Reifegrad eines Unternehmens für ein erfolgreiches BI-Projekt ermittelt und gegebenenfalls notwendige Vorprojekte beschrieben.

Hauptziele einer BI-Readiness-Prüfung sind die Vermeidung von Fehlinvestitionen und die Kostensenkung der späteren Hauptprojekte.

8.1.2 Vorprojekt »Evaluierung Business Needs«

Was soll das spätere System eigentlich können? Wobei soll es wen unterstützen?

Dieses Vorprojekt hängt sehr stark mit der für BI immer notwendigen Verzahnung mit der Unternehmens- und IT-Strategie sowie den konkreten Anforderungen der Fachbereiche zusammen. In der Regel werden hier über alle Ebenen und Fachabteilungen Interviews geführt, um zu ermitteln, welche Anforderungen im Unternehmen priorisiert umzusetzen sind.

Die Vorgehensweise in einem solchen Vorprojekt sollte sehr eng mit den Auftraggebern abgestimmt werden. So kann z.B. die Aufnahme von »Wünsch dir was«-Listen der Fachbereiche als umzusetzende Anforderungen kontraproduktiv sein, weil das Ergebnis dann immer lauten wird: »Wir müssen alles machen« – ein Ansatz, der in der Regel scheitern wird.

Eine Eingrenzung der Freiheitsgrade in den Interviews, die vom beauftragenden Management vorgegeben wird, könnte umgekehrt wichtige Themen der Interviewpartner ausklammern. Hier gilt es, eine an den Erfordernissen des jeweiligen Unternehmens ausgerichtete individuelle Vorgehensweise zu finden, die mit den Entscheidern im Unternehmen abgestimmt ist. Die Ergebnisse eines vorgeschalteten BI Readiness Checks fließen in diese Evaluierung natürlich ein.

8.1.3 Vorprojekt »Systemanalyse«

Dieses Projekt hat eine Bestandsaufnahme der dispositiven Systemlandschaft zum Ziel. Mit der Durchführung von Analyseprojekten mit dem Fokus auf bereits produktive Reporting-Systeme/DWHs, die unter Umständen nicht strategiekonform sind, werden in erster Linie zwei Ziele verfolgt: Zum einen kann dem Management aufgezeigt werden, welche Kosten durch den Betrieb solcher Insellösungen entstehen; zum anderen wird insbesondere den Fachbereichen transparent gemacht, welchen Mehrwert (fachlich und prozessual) eine integrierte Reporting-Lösung hat.

Entspricht die BI-Infrastruktur eines Unternehmens einer in technischer und fachlicher Hinsicht konsolidierten Architektur, so ergeben
sich primär die beiden folgenden Vorteile:

■ Reporting-Sicherheit im Sinne eines fach- und systemübergreifenden Berichtswesen für das Management

■ eine nachhaltige Senkung der Betriebskosten

8.1.4 Vorprojekt »Evaluierung Data Warehouse-Architektur«

In diesem Vorprojekt wird ermittelt, auf welcher Architektur – sofern
vorhanden – das aktuelle Data Warehouse basiert und wie die zukünftige Architektur aufgrund der ermittelten Business Needs aussehen
könnte. Die meisten BI-Projekte setzen auf ein schon vorhandenes
System auf, das migriert oder optimiert werden soll. In diesen Fällen
stellen sich dann vielfältige Fragen zu den Themen

■ vorhandene und neu benötigte Hardware

■ vorhandene und neu benötigte Software

■ vorhandene und neu benötigte Lizenzen

■ vorhandene und neu benötigte Schnittstellen

■ vorhandene und neu benötigte Service Level Agreements (SLA),
KPIs oder Wertetreiber

■ Veränderungen in Prozessen

■ Veränderungen im Betrieb

Diese Themen sollten herstellerunabhängig ausschließlich auf Basis
der strategischen Ziele und fachlichen Business Needs bearbeitet werden. Die Frage, mit welchen Produkten die ideale Architektur hergestellt werden kann, sollte erst in der Folge beantwortet werden. Auch
hier kann ein vorgeschalteter BI Readiness Check schon wertvolle Vor-
arbeit leisten.

In den meisten Fällen ergeben sich aus dieser Evaluierung verschiedene Optionen, die jeweils über bestimmte Stärken und Schwächen in
Bezug auf strategische Ziele und fachliche Business Needs verfügen.

Um zu einer Entscheidung zu kommen, sollte schon sehr früh mit dem Aufbau einer Entscheidungsmatrix begonnen werden, die alle wichtigen Aspekte der Idealarchitektur beinhaltet und gewichtet. Mit Abschluss der Evaluierung weisen dann alle denkbaren Varianten einen Wert auf, der sie untereinander vergleichbar macht. Auf Basis dieser Auswertung sollte vom Vorprojekt eine entsprechende Handlungsempfehlung an dessen Auftraggeber ausgesprochen werden.

8.1.5 Vorprojekt »Evaluierung Data Warehouse-Backend«

Wenn die Architekturentscheidung auf Basis der strategischen Ziele und fachlichen Business Needs getroffen wurde, sollte eine Analyse folgen, die ermittelt, mit welchen Herstellern und Tools die benötigte Architektur am besten aufgebaut werden kann. Auch hierbei sollte eine Entscheidungsmatrix alle relevanten Kriterien zusammentragen und gewichten.

Natürlich gibt es in vielen Fällen Präferenzen aufgrund der in einem bestehenden System schon verwendeten Technologien und der Erfahrungen einzelner Mitarbeiter. Jedoch sollten wirklich alle Alternativen geprüft werden, weil bei diesem Schritt eventuell gravierende Grundsatzentscheidungen in Bezug auf die späteren Umsetzungsmöglichkeiten von fachlichen Anforderungen getroffen werden.

Wird zum Beispiel im späteren BI auch eine Planungsapplikation benötigt, in der User aus ihrer Arbeitsplatzumgebung heraus dezentral Planungsdaten eingeben sollen, die nicht nur als temporäre Variablen, sondern dauerhaft in der Datenbank gehalten werden müssen, so sind ein Data Warehouse-Backend und -Frontend nötig, die solche Schreibvorgänge erlauben. Und das ist für ein Data Warehouse nicht selbstverständlich.

Ist die Performance von Abfragen das am höchsten bewertete Kriterium in der Entscheidungsmatrix, so könnte vielleicht ein System mit massiver Parallelverarbeitung ideal sein. Bei einer Priorisierung niedriger Kosten wäre ein solches System wiederum keine gute Wahl.

Ein Kriterium kann auch sein, ob der spätere Betrieb des Systems gewährleistet werden kann. Wenn z.B. ein Outsourcing-Partner das System betreiben soll, muss vor einer Entscheidung geprüft werden, ob dieser über das entsprechende Know-how für die verwendete Technologie verfügt.

Die tatsächlichen Kriterien der Entscheidungsmatrix sind in der Praxis von den konkreten Gegebenheiten im jeweiligen Unternehmen abhängig. Ein vorgeschalteter BI Readiness Check wird auch hier schon entscheidende Impulse für die zu priorisierenden Aspekte liefern.

8.1.6 Vorprojekt »Evaluierung Data Warehouse-Frontend«

Für die User von BI, also die internen Kunden der IT-Abteilung, enorm wichtig ist das Frontend, also der Teil des Systems, in dem ein User innerhalb seiner Arbeitsplatzumgebung auf Daten zugreift. Hier spielen individuelle und emotionale Aspekte eine große Rolle, die für die spätere Akzeptanz, damit für die Nutzung und in der Folge die Rendite des Gesamtsystems von großer Bedeutung sind:

- Look & Feel
- Usability
- Performance
- Dokumentation
- Hilfefunktionen

Funktional sollte ein Frontend mindestens folgende Möglichkeiten bieten:

- vorgefertigte Berichte abrufen und individualisieren
- individuelle Berichte erstellen, speichern, editieren mit
  - Tabellen
  - Pivot-Tabellen
  - State-of-the-Art-Grafiken
  - Drill-Down, Drill-Through

- interaktiven Elementen
- konfigurierbarer Navigation innerhalb komplexer Reports
- Texten, Bildern und anderen statischen Elementen
- Exportfunktionen in alle gängigen Formate wie Excel, Access (.csv), Powerpoint
- Druckfunktion im Format PDF, HTML
- individuelles Dashboarding
- Verteilung eigener Berichte an andere Nutzer
- Einrichtung von fachlichen Nutzergruppen
- Prototyping von Anforderungen durch die Fachbereiche in speziellen Datenclustern
- Durchführung von Echtzeitanalysen
- Anbindung beliebiger Datenquellen
- Write-Back-Funktion zum Zurückschreiben von Daten, z.B. in einer Planungsapplikation

Die meisten User in den Fachbereichen müssen aufgrund von ständig wechselnden Anforderungen meist unter Zeitdruck individuelle Reports aus den Reporting-Systemen erzeugen, um den Anforderungen ihrer Linienorganisation gerecht werden zu können. Für einen User von BI gibt es vor diesem Hintergrund nichts Schlimmeres als ein Arbeitsplatzsystem, das ihm diese Arbeit nicht erleichtert, sondern vielleicht sogar erschwert.

Ein Frontend-Tool (BI-Tool) muss User in allen Belangen so unterstützen, dass es als Werkzeug im Alltag unentbehrlich und dementsprechend hoch geschätzt wird. BI kann in allen anderen Belangen perfekt sein – wenn es seinen Output nicht gut zum (internen) Kunden bringt, wird seine Akzeptanz im Unternehmen immer darunter leiden, was wiederum eine geringere Bereitschaft der Fachbereiche nach sich zieht, Ressourcen und Budgets für IT-Themen freizugeben.

Grundsätzlich können State-of-the-Art BI-Tools heute alles, was User benötigen. Aber auch hier gilt, dass manchmal kleine Details, mit denen sich ein Frontend von allen anderen abhebt, für ein bestimmtes Unternehmen genau den entscheidenden Unterschied ausmachen. IT-Abteilungen sind gut beraten, wenn sie im Rahmen der Interviews eines BI Readiness Checks diesen Aspekt sehr detailliert beleuchten lassen, um möglichst viele Informationen über die Bedürfnisse ihrer Kunden zu erhalten. Denn diese entscheiden eines Tages, ob das System genutzt wird und damit zukunftstauglich ist.

In diesem Vorprojekt sollte auch evaluiert werden, welche Frontend-Tools überhaupt in den regulären Arbeitsplatzumgebungen des Unternehmens lauffähig sind. Gegebenenfalls sind die notwendigen Vorarbeiten für die Sicherstellung der Lauffähigkeit zu beschreiben.

8.1.7 Vorprojekt »Evaluierung Meta Data Services Tool«

Das Thema Meta Data Services kann als eigenes Projekt relativ klein gehalten und eventuell sogar in anderen Vorevaluierungen mit bearbeitet werden. Meta Data Services werden immer benötigt, und alle Hersteller von Datenbanken liefern heute entsprechende Tools. Dadurch wird oft durch die Auswahl des Datenbankherstellers die Entscheidung über das Meta Data Tool schon mit getroffen.

Es sollte die Frage beantwortet werden, ob man das Tool des Datenbankherstellers nutzen will oder ein anderes. Im letzteren Fall sollte genau begründet werden, warum die Pflege der Metadaten durch ein anderes Tool als das des Datenbankherstellers vorteilhaft ist.

In keinem Fall sollte dieses Thema aber unterschätzt werden.

Die permanente Pflege der Metadaten und damit die ständige Aktualisierung der Datenbankdokumentation mit allen in State-of-the-Art-Tools verfügbaren Funktionalitäten ist eine der wichtigsten Voraussetzungen für zügige Abstimmungen von Umsetzungsoptionen fachseitiger Anforderungen in den dafür vorgesehenen Gremien, z.B. im AFM-Board eines BICC (vgl. Abschnitt 9.2).

Damit wird dieses Thema zu einem entscheidenden Faktor für die Umsetzungsgeschwindigkeit von Anforderungen – also für die »Time-to-Market« der BI IT. Ein gutes Tool für Meta Data Services kann also erheblichen Einfluss auf die Akzeptanz des Gesamtsystems und der BI IT haben.

8.1.8 Vorprojekt »Evaluierung KIO-Server-Architektur«

Hinter diesem Thema verbergen sich alle Aspekte eines zentralen Master Data Managements – also des zentralen Stammdatenmanagements. Geprüft wird, welche der wichtigsten Business-Objekte eines Unternehmens auf einem zentralen Stammdatenserver abgebildet werden können, und in welcher Reihenfolge innerhalb eines BI-Programms diese Zentralisierung für die identifizierten Objekte umgesetzt werden soll.

Dieser Aspekt ist in BI-Projekten einer der wichtigsten überhaupt. Es geht um nicht weniger als darum, alle Stammdaten wie Kunden, Lieferanten, Produkte, Vertragsdaten usw. nicht mehr heterogen in unterschiedlichen operativen Systemen zu halten und danach im Data Warehouse zu harmonisieren, sondern auf Unternehmensebene konsolidierte Stammdaten aus zentralen Servern sowohl an alle operativen Systeme als auch an das Data Warehouse zu liefern.

Die zentralen Server werden oft als »KIO-Server« (Kern-Informations-Objekt-Server) bezeichnet. Eine komplette KIO-Server-Architektur besteht aus allen KIO-Servern inklusive aller Schnittstellen, von denen jeder für ein definiertes Stammdatenobjekt »zuständig« ist, z.B. der KIO-Server-Kunde für das Business-Objekt »Kunde«.

Die komplette Pflege der zentralen Stammdaten für alle operativen und dispositiven Systeme findet nur noch auf den KIO-Servern statt. In einigen Unternehmen wurden für diese Pflege eigene »Clearingstellen« (Cleansingstellen) etabliert, die die jeweiligen Stammdaten immer aktuell und qualitativ hochwertig halten, verteilen sowie das Schnittstellenmanagement des KIO-Servers betreiben. Die Kosten hierfür amortisieren sich durch den Gewinn an Datenqualität recht schnell. Die benötigten Personalressourcen können in der Regel aus den durch diese Maßnahme an anderen Stellen freiwerdenden Ressourcen gedeckt werden.

Wenn von KIO-Servern für jedes zentrale Business-Objekt die Rede ist, muss das nicht unbedingt heißen, dass alle KIO-Server physisch voneinander getrennt werden müssen. Sofern die zu verarbeitenden Datenmengen dies zulassen, können die KIO-Server durchaus auf einem oder zwei physischen Systemen laufen. Entscheidend ist, dass sie logisch voneinander getrennt werden.

Eine andere Variante ist, eines der operativen Systeme als Mastersystem für ein bestimmtes Business-Objekt zu machen, beispielweise das CRM-System eines Unternehmens als Mastersystem für die Kundenstammdaten, sodass das CRM gleichzeitig der KIO-Server-Kunde in der KIO-Server-Architektur ist.

Diese Variante sollte aber nur in Betracht gezogen werden, wenn Datenmengen sowie die Anzahl beteiligter Systeme und Datenbanktransaktionen dies noch zulassen, ohne die Performance oder die operativen Kernfunktionalitäten eines Mastersystems zu beeinträchtigen.

Auf KIO-Servern kann man z.B. auch virtuelle Stammdaten erzeugen, die über die vorhandene Schnittstelleninfrastruktur in das Data Warehouse geladen werden können. So kann z.B. der Fachbereich Sales im Rahmen einer Umorganisation eine geplante neue Vertriebshierarchie auf dem KIO-Server abbilden und sich im Data Warehouse aktuelle oder zurückliegende Bewegungsdaten auf Basis dieser virtuellen Vertriebsorganisation anzeigen lassen. Ebenso sind komplexe Planungsszenarien auf Basis gesicherter KIO-Server-Informationen vergleichsweise leicht abzubilden. Notwendig ist hierzu neben dem Einpflegen der virtuellen Vertriebshierarchie selbst die Lieferung eines Mappings von der realen auf die virtuelle Vertriebshierarchie, auf dessen Basis im Data Warehouse die Bewegungsdaten zur virtuellen Vertriebshierarchie zugeordnet werden können. Ein solches Mapping fällt im Rahmen einer strukturiert ablaufenden Umorganisation immer an. Die Erzeugung eines solchen virtuellen Szenarios ist ohne zentrale Stammdatenpflege völlig undenkbar bzw. wird nur eine inakzeptable Datenqualität liefern, die bei notwendigen Entscheidungen keine sinnvolle Unterstützung durch das Data Warehouse zulässt.

In der Zentralisierung der Stammdatenpflege ist der Königsweg zu einer hohen Datenqualität in operativen Systemen und Data Warehouse zu sehen, verbunden mit der Erreichung eines Höchstmaßes an Flexibilität bei der Abbildung von Bewegungsdaten. Umgekehrt kann festgestellt werden, dass Unternehmen, die ihre Stammdaten nicht in irgendeiner Weise konsolidieren, dauerhaft mit massiven Datenqualitätsdefiziten leben werden, die ganze Systeme unbrauchbar und ein Unternehmen im Extremfall steuerungsunfähig machen können. Ein BI-Projekt, das keine Zentralisierung der Unternehmensstammdaten vorsieht, sollte unbedingt noch einmal auf seine Zielsetzung und seine Erfolgsmöglichkeiten hin überprüft werden. Selbstverständlich wird dieser wichtige Aspekt in einem BI Readiness Check mit der entsprechenden Priorität geprüft (vgl. Abschnitt 3.7).

8.1.9 Projekt »Prozessanalyse«

Dieses Projekt untersucht aus Sicht des Data Warehouses und der BI-Strategie, die ja aus Unternehmensstrategie und -zielen abgeleitet sein sollte, ob die operativen Prozesse so gestaltet sind, dass Geschäftsvorfälle im Sinne der unternehmerischen Zielsetzung durchgeführt werden. Dabei sind für die BI IT folgende Fragestellungen entscheidend:

1. Erzeugt ein Prozess alle für die Unternehmenssteuerung benötigten Informationen?
   a) Wenn nein: Anpassung des Prozesses, bis alle für die Unternehmenssteuerung benötigten Informationen aus ihm erzeugt werden.
   b) Wenn ja: weiter bei 2.

3. Sind diese Informationen in den relevanten operativen Systemen hinterlegt?
   a) Wenn nein: Anpassung der operativen Systeme, bis alle für die Unternehmenssteuerung benötigten Informationen in den relevanten operativen System hinterlegt sind.
   b) Wenn ja: weiter bei 3.

3. Werden diese Informationen aus den operativen Systemen über einen automatisierten ETL-Prozess in das Data Warehouse geladen?

   a) Wenn nein: Anpassung des ETL-Prozesses (eventuell Aufbau oder Anpassung von Schnittstellen), bis alle für die Unternehmenssteuerung benötigten Informationen im Data Warehouse verfügbar sind.

   b) Wenn ja: Ende dieses Projektes – weiter mit DWH-internen Aktivitäten.

An dieser Stelle wird deutlich, warum für die Durchführung von BI-Projekten unbedingt eine zentrale Organisationseinheit wie ein mit allen Kompetenzen ausgestattetes Business Intelligence Competence Center (BICC) notwendig ist, um die notwendigen Rahmenbedingungen für Business Intelligence überhaupt erst schaffen zu können (vgl. Abschnitt 9.2).

Der Punkt 1 a) ist für sich alleine genommen in größeren Unternehmen schon ein Großprojekt, das unterschiedlichste Interessengruppen integrieren muss. Ohne eine Legitimation aus dem Topmanagement ist es nicht möglich, in operative Prozesse verschiedener Geschäftsbereiche einzugreifen. Diese Maßnahme muss von den Topmanagern betroffener Geschäftsbereiche unterstützt werden. Wenn diese Unterstützung nicht gegeben ist, wird ein BI-Projekt daran scheitern, und das Data Warehouse wird angeforderte Reports zur Unternehmenssteuerung nicht liefern können.

Das Gleiche gilt für 2 a). Sofern der Prozess die Informationen liefert, müssen diese auch technisch für das Data Warehouse verarbeitbar vorliegen. Sollte das nicht der Fall und die Anpassung operativer Systeme nicht möglich sein, scheitert das BI-Projekt an diesem Punkt.

Der Punkt 3 a) sieht auf den ersten Blick vielleicht nicht ganz so kritisch aus; er birgt aber auch erhebliche Risiken, wenn keine ausreichenden Kompetenzen gegeben sind und strategische Vorentscheidungen getroffen wurden. Kritischer Erfolgsfaktor beim ETL-Prozess ist immer die fehlende Bereitschaft von Daten- und Systemownern, dem Data Warehouse Daten in den notwendigen Formaten zu liefern. Sofern diese eine solche Entscheidung autark treffen können, scheitert das BI-Projekt an diesem Punkt, weil es benötigte Daten nicht integrieren kann.

Dieses eigenständige Projekt wird in dieser Form nur benötigt, sofern die Institutionen der Business Intelligence nicht schon im Unternehmen verankert sind. Ist innerhalb eines BICC schon ein definierter Anforderungsprozess und ein AFM-Board mit Beteiligung der Fachbereiche vorhanden, so wird die Prüfung der Punkte 1 bis 3 immer im Rahmen einer Anforderungsanalyse stattfinden.

Bevor nicht durch dieses Projekt alle Prozesse optimiert und die Integration der benötigten Informationen in das Data Warehouse sichergestellt ist, ist keine sinnvolle Bearbeitung von Anforderungen an Business Intelligence möglich.

Im Idealfall liefert das Projekt das Ergebnis zurück, dass alle Informationen im Data Warehouse vorhanden sind und mit der Umsetzung von konkreten BI-Funktionalitäten und -Reports begonnen werden kann.

Im zweitbesten Fall kann das Projekt als Ergebnis alle den Anforderungen an das Data Warehouse entgegenstehende Prozess- und Systemdefizite sowie die dazugehörigen Lösungsszenarien sauber beschreiben und entsprechende Handlungsempfehlungen liefern.

Selbstverständlich werden diese Rahmenbedingungen im Rahmen eines BI Readiness Checks systematisch bis ins Detail untersucht, sodass schon sehr früh die möglichen Aufwände zur Herstellung von Mindestvoraussetzungen für ein erfolgreiches BI-Projekt in einer Entscheidungsvorlage beschrieben werden können.

8.1.10 Projekt »Systemkonsolidierung«

Vielfach ergibt sich aus dem Vorprojekt »Systemanalyse« ein heterogenes Bild der dispositiven Systemlandschaft. Hiermit assoziierte Probleme sind häufig:

- Das Reporting ist nicht konsolidiert, d.h. Reports und Kennzahlen zu bestimmten Themengebieten stammen aus verschiedenen Systemen und Quellen und stimmen oft nicht überein.

  → Fehlende Konsistenz und Reporting-Sicherheit

- Fach- und systemübergreifendes Reporting ist nur mit hohen Aufwänden und Kosten möglich. Die Datenbereitstellung erfolgt in diesen Fällen zu einem hohen Prozentanteil manuell.

  → Bypass-Reporting (vgl. Kapitel 5) kann die Folge sein.

- Eine hohe Anzahl separater dispositiver Reporting-Systeme (Datenhaltungssysteme, DWHs, Data Marts etc.) erzeugen hohe Betriebskosten.

Im Rahmen einer Systemkonsolidierung kann diesen Problemen sowohl aus technischer als auch aus fachlicher Sicht begegnet werden.

- Die fachliche Konsolidierung kann in Form eines (fachlichen) Domänenkonzeptes umgesetzt werden:

  Hierbei dürfen Reports und Kennzahlen zu bestimmten Themengebieten (Domänen) nur aus fachlich wohldefinierten Rohdatenbeständen heraus generiert werden. Erklärtes Ziel hierbei ist es, durch Festlegung von fachlichen Ausprägungen Systeme inhaltlich voneinander abzugrenzen.

Hinweis

Bei der Einführung von fachlichen Domänen sollte das Datenmaster-Prinzip beachtet werden:

Für jede fachliche Domäne wird ein physisches dispositives System als Datenmaster definiert. Dort liegen alle der Domäne fachlich zugeordneten Daten in der feinsten Granularität für die Verwendung im Reporting vor.

- Fach- und systemübergreifendes Reporting sollte in weitgehend automatisierter Weise möglich gemacht werden, um die Probleme der manuellen Datenbereitstellung und des Bypass-Reportings zu vermeiden. Es kann beispielsweise sinnvoll sein, ein eigenes DWH oder Data Mart ausschließlich für diesen Zweck aufzubauen, das aus den anderen dispositiven Systemen der Zielarchitektur befüllt wird. Ein nicht zu unterschätzender Aspekt hierbei ist der Aufbau eines übergreifenden semantischen Modells (vgl. 8.1.7 Vorprojekt »Evaluierung Meta Data Services Tool«).

- Die technische Konsolidierung erfolgt in der Regel durch eine entsprechende Reduktion der Anzahl von Reporting-Systemen (Datenbanken). Primäres Ziel hierbei ist mittelfristig, eine nachhaltige Senkung der Betriebskosten zu erreichen. Darüber hinaus ergibt sich durch den Zugriff auf definierte Domänensysteme eine Aufwands- und Kostenreduzierung insbesondere bei der Datenbereitstellung. Diese beiden Aspekte sollten zwingend in einem Business Case für ein Projekt »Systemkonsolidierung« Berücksichtigung finden (vgl. Abschnitt 2.3, IT-Rendite). Weiterhin sollte im Zuge der technischen Systemkonsolidierung eine **redundanzärmere Quellsystemextraktion angestrebt werden, um die Quellsysteme zu entlasten und dem übergreifenden Ziel Reporting-Sicherheit Rechnung zu tragen.**

Hinweis

Bei der Systemkonsolidierung sollte das Konsolidierungsprinzip beachtet werden:

Eine Konsolidierung sollte nur dann durchgeführt werden, wenn folgende Nebenbedingungen erfüllt sind:

Erreichung einer redundanzärmeren Quellsystemextraktion und/ oder Einsparung von Kosten.

8.1.11 Projekt »KIO-Server-Architektur Build Up«

Ist die Entscheidung zum Aufbau einer KIO-Server-Architektur getroffen und wurde im Vorprojekt entschieden, in welcher Form die Architektur physisch realisiert und auf welcher Plattform die KIO-Server abgebildet werden sollen, so sollten pro definiertem Kerninformationsobjekt (KIO) Projekte aufgesetzt werden, die folgende Maßnahmen durchführen (am Beispiel Kerninformationsobjekt »Kunde«):

1. Identifizierung aller Systeme, die Kundenstammdaten verarbeiten

2. Identifizierung aller Systeme, in denen Kundenstammdaten angelegt werden

3. Identifizierung aller Informationen (Attribute) zum Business-Objekt »Kunde«, die in Summe über alle identifizierten Systeme erzeugt und verarbeitet werden

4. Ermittlung weiterer Informationen (Attribute) zum Business-Objekt »Kunde«, die für die Abbildung bekannter Reporting-Anforderungen im Data Warehouse benötigt werden

5. Entwicklung eines logischen Datenmodells für den KIO-Server-Kunden, das alle in den Schritten 3 und 4 ermittelten Informationen abbildet

6. Entwicklung eines physischen Datenmodells für den KIO-Server-Kunde, das das logische Datenmodell unter Berücksichtigung der gewählten technischen Datenbankplattform abbildet

7. Entwicklung eines Konzeptes für

    a) die Initialbeladung des KIO-Servers aus den operativen Systemen unter Punkt 2 und unter Berücksichtigung von Punkt 3

    b) die Initialbeladung des KIO-Servers mit Informationen entsprechend Punkt 4

8. Aufbau der Online-Schnittstellen zu

    a) operativen Systemen

    b) Data Warehouse

9. Beschreibung der KIO-Server-Funktionalitäten und Regelprozesse

10. Staffing des KIO-Server-Teams (Clearingstelle)

    a) Einbindung in die laufende Entwicklung

    b) Schulung

11. Entwicklung eines an die spezielle Unternehmenssituation angepassten Testkonzeptes

12. Entwicklung eines an die spezielle Unternehmenssituation angepassten Pilotbetriebes

13. Entwicklung eines an die spezielle Unternehmenssituation angepassten Konzeptes zum Wirkbetriebsübergang

14. Durchführung der Punkte 11 bis 13 für alle angeschlossenen Systeme

15. Test und Abnahme

16. Wirkbetriebsübergang

17. Übergangszeit bis zum Regelbetrieb

Diese Aufstellung erhebt keinen Anspruch auf Vollständigkeit, und einige Punkte können unter den speziellen Rahmenbedingungen eines Unternehmens in anderer Reihenfolge, parallel oder gar nicht notwendig sein. Die Aufzählung spiegelt aber die wesentlichen Meilensteine eines Projektes zum Aufbau von KIO-Servern wider, die in einem Projektplan mit großer Wahrscheinlichkeit erscheinen werden.

Wie bereits in den Abschnitten 3.5 und 8.1.7 erwähnt, ist es nicht unbedingt notwendig, für jedes Stammdatenobjekt ein eigenes separates System aufzubauen. Es kann auch ein einziges physisches System in logische Cluster für die benötigten Objekte aufgeteilt werden. Eine weitere Möglichkeit besteht darin, eines der operativen Systeme zum Mastersystem für ein bestimmtes Stammdatenobjekt zu bestimmen und die Daten von dort aus in die anderen operativen und die dispositiven Systeme zu verteilen. Diese Architekturentscheidung sollte im Vorprojekt wie unter 8.1.7 beschrieben getroffen werden.

Die wichtigsten Prozesse des KIO-Servers nach einer initialen Befüllung und Aufnahme des Regelbetriebes sind:

1. Konsolidierung und Harmonisierung der Daten

2. Optimierung der inhaltlichen Datenqualität

3. Datenaustausch mit anderen Systemen

Bei Punkt 3 können operative Systeme sowohl als empfangende als auch als liefernde Systeme in Erscheinung treten.

Die folgende Abbildung zeigt das Referenzmodell eines KIO-Servers mit Clearingstelle:

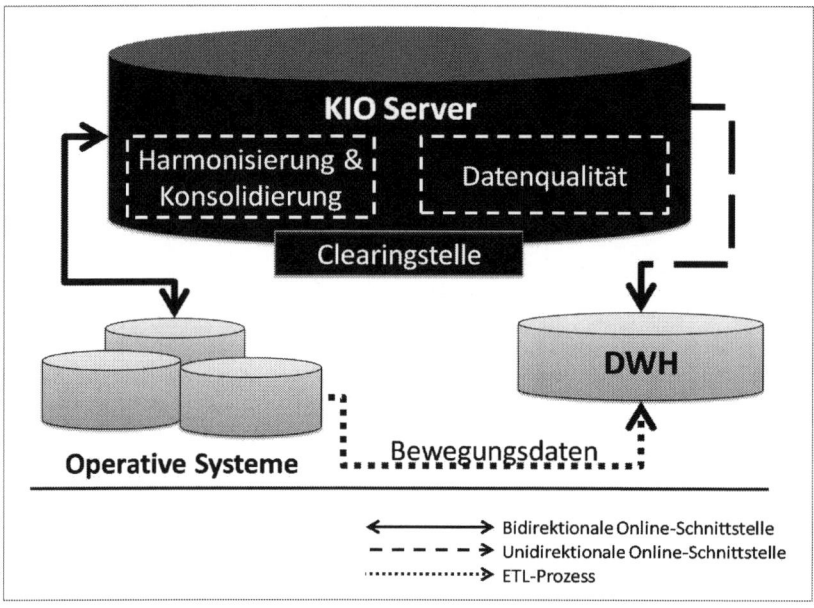

Abb. 8.1:   Referenzmodell KIO-Server

Nach einer Initialbefüllung des KIO-Servers aus allen Stammdaten haltenden Systemen übernimmt der KIO-Server den Master für das Stammdatenobjekt über alle Systeme im Unternehmen. Im Wirkbetrieb sollte ein KIO-Server über standardisierte Schnittstellen Daten von operativen Systemen empfangen und liefern sowie an dispositive Systeme nur liefern. Sofern im Rahmen des Closed Loop Quality (vgl. Abschnitt 7.2) Berichte des DWH über die Qualität operativer Prozesse und Systeme an die hierfür Verantwortlichen geliefert werden müssen, sollten diese über die üblichen Kanäle der Informationsbereitstellung aus dem DWH geliefert werden. Sie sind somit kein Bestandteil der KIO-Server-Prozesse (vgl. Abschnitt 4.5).

Der Empfang von Stammdaten aus operativen Systemen ist dagegen auch nach der Initialbefüllung weiterhin nötig, um Neuanlagen, Änderungen und Löschungen, die innerhalb operativer Prozesse vorgenommen werden müssen, im KIO-Server abzubilden. Zu diesem Zweck sind KIO-Server mit den operativen Systemen über Online-Schnittstellen verbunden. Die Belieferung des Data Warehouses muss nicht zwingend, kann aber natürlich auch über eine Online-Schnittstelle erfolgen. Im Referenzprozess holt sich das Data Warehouse z.B. einmal täglich die Daten vom KIO-Server. Sind Echtzeitanwendungen im Data Warehouse notwendig, die jederzeit aktuelle Kundenstammdaten abbilden sollen, so müsste die Schnittstelle zum Data Warehouse auch online ausgelegt werden.

Damit verfügen alle Systeme über denselben Stand der Stammdaten. Alle Bewegungsdaten, die das Data Warehouse über den ETL-Prozess aus den operativen Systemen erhält, sind zum jeweiligen Berichtszeitpunkt mit den aktuellen Stammdaten synchronisiert und bilden immer die aktuellen Strukturen ab.

Durch entsprechende Workflows auf der KIO-Server-Konsole, die von der Clearingstelle bedient wird, kann die Datenlieferung an einzelne Systeme an- oder abgeschaltet werden.

Der im folgenden Kapitel beschriebene Referenzprozess macht die enormen Vorteile deutlich, die der Aufbau einer KIO-Server-Architektur für den Aufbau von Business Intelligence mit sich bringt.

8.1.12 Projekt »Referenzprozess Datenbereitstellung des KIO-Servers«

Den dritten der oben genannten Regelprozesse – den Datenaustausch mit anderen Systemen – betrachten wir an dieser Stelle wegen seiner großen Bedeutung für Business Intelligence am Beispiel eines Data Warehouses etwas genauer. Der Prozess von der Anforderungsaufnahme über die Prüfung der Anforderung mit einer eventuellen fachseitig abgestimmten Anpassung vorgelagerter Prozesse und Systeme bis zur Bereitstellung der Daten kann (grob) wie folgt ausgestaltet sein:

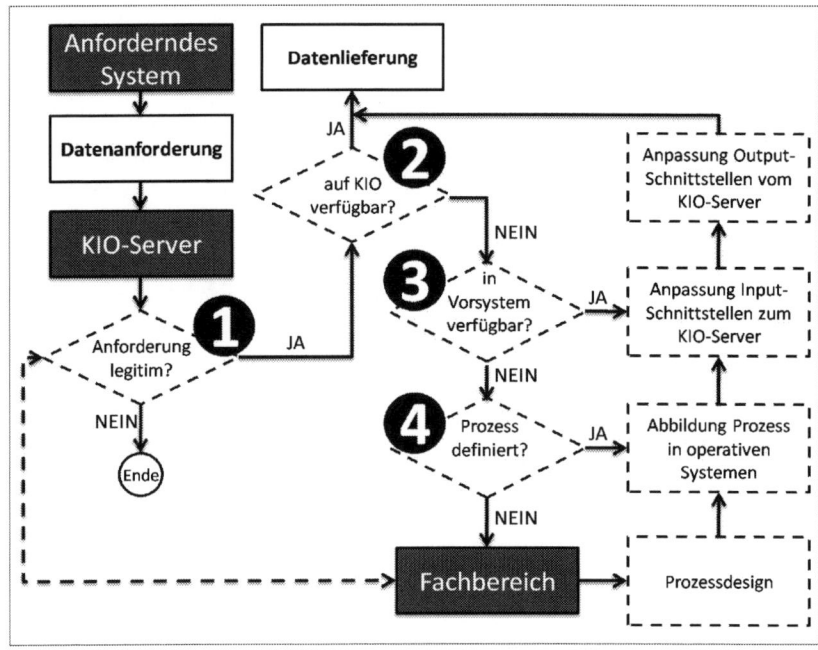

Abb. 8.2:   Referenzprozess »Datenbereitstellung« KIO-Server

Erläuterungen zum Prozess:

Nach einer grundsätzlichen Legitimitätsprüfung der Anforderung in Abstimmung mit den Fachbereichen (1) wird geprüft, ob alle angeforderten Informationen auf dem KIO-Server verfügbar sind. Wenn ja, kann eine Lieferung an das anfordernde System erfolgen (dabei wird davon ausgegangen, dass ein unter allen Beteiligten – also auch mit Sozialpartner und Datenschutz – abgestimmtes Regelwerk existiert, wonach in diesen Fällen die Daten vom KIO-Server bereitgestellt werden dürfen).

Sollten die Daten nicht im KIO-Server verfügbar sein, werden nacheinander zwei Fälle (3 und 4) geprüft:

Prüfung 3: Liegen die Informationen in einem Vorsystem vor, werden aber bisher nicht an den KIO-Server geliefert?

JA

→ In diesem Fall werden die Input- und Output-Schnittstellen des KIO-Servers angepasst, und die Datenbereitstellung an das anfordernde System kann erfolgen.

NEIN

→ Liegen die Informationen in keinem Vorsystem vor, muss geprüft werden, ob der operative Prozess, der die benötigten Informationen erzeugen soll, definiert ist.

Prüfung 4: Ist der operative Prozess definiert?

JA

→ Die operativen Systeme müssen so angepasst werden, dass sie den definierten Prozess abbilden und die erforderlichen Daten generieren.

→ Danach werden die Input- und Output-Schnittstellen des KIO-Servers angepasst, und die Datenbereitstellung an das anfordernde System kann erfolgen.

NEIN

→ In diesem Fall muss die Fachseite einbezogen und zunächst der operative Prozess angepasst oder eventuell sogar erstmalig definiert werden.

→ Die operativen Systeme müssen so angepasst werden, dass sie den definierten Prozess abbilden und die erforderlichen Daten generieren.

→ Danach werden die Input- und Output-Schnittstellen des KIO-Servers angepasst, und die Datenbereitstellung an das anfordernde System kann erfolgen.

Inhaltliche Bewertung der möglichen Fälle unter 3 und 4 in Bezug auf Business Intelligence:

Prämissen:

1. Das anfordernde System ist ein Data Warehouse.

2. Die Anforderung der Daten vom KIO-Server durch das Data Warehouse erfolgt zum Zwecke des Reportings aufgrund fachlicher Anforderungen.

Die JA-Verzweigung von Prüfung 3 ist unkritisch. Zwar sind nicht alle Daten sofort verfügbar, aber es wird festgestellt, dass sie in operativen Systemen vorhanden sind. Dieser Fall erfordert lediglich eine Anpassung bestehender Schnittstellen. Durch die zuvor geprüfte Legitimität der Anforderung mit den Fachbereichen sollte es keine Umsetzungshemmnisse bei der Integration der Daten in den KIO-Server und die Bereitstellung an das anfordernde System geben.

Die NEIN-Verzweigung von Prüfung 3 ist problematischer. Eigentlich dürfte keine der beiden Möglichkeiten der folgenden Prüfung 4 vorkommen, denn spätestens mit der Legitimitätsprüfung der Anforderung in Abstimmung mit den Fachbereichen hätte auffallen müssen, dass der operative Prozess entweder nicht sauber in den operativen Systemen abgebildet ist (4, JA) oder noch gar nicht definiert wurde (4, NEIN). In der Praxis tauchen beide Fälle immer wieder auf.

Für Business Intelligence und das Unternehmen insgesamt haben beide möglichen Fälle unter 4 eine besonders große Bedeutung. Diese Fälle wirken wie Indikatoren für grundlegende Defizite in der Abstimmung zwischen Business und IT:

- Fall 4-JA bedeutet, dass der Fachbereich einen Prozess definiert hat und davon ausgeht, dass dieser Prozess so auch in den operativen Systemen mit entsprechenden Workflows abgebildet ist, sodass alle relevanten Daten erzeugt werden, die für ein Reporting über diesen Prozess benötigt werden; das ist jedoch nicht der Fall.

  → Business und IT sind nicht hinreichend verzahnt.

- Fall 4-NEIN bedeutet: Der Fachbereich stellt eine Reportinganforderung an das DWH über einen Prozess, der gar nicht existiert.

  → Hier stellt sich die Frage, an welchen Stellen innerhalb des Fachbereiches die Diskrepanz der Kenntnisse über die internen Prozesse entsteht.

Diese Indikatoren geben direkte Hinweise darauf, an welchen Stellen im Unternehmen Potenziale vorhanden sind zu den Themen:

- Optimierung operativer Prozesse
- Optimierung der Prozesse zwischen Business und IT
- Datenqualität

8.1.13 Die Bedeutung von KIO-Servern für BI

Hinweis

Die Prüfroutinen eines KIO-Servers dienen Business Intelligence als Indikatoren für Potenziale auf den Ebenen Prozesse und operative Systeme.

Damit werden die Konsolidierung und Harmonisierung von Stammdaten sowie die Herstellung einer hohen inhaltlichen Qualität dieser Daten zu einem wesentlichen Bestandteil der Aktivitäten der Business Intelligence zur Steigerung der Datenqualität im Reporting. Die Prozesse des KIO-Servers sind aus der Perspektive von Business Intelligence Bestandteile des »Closed Loop Quality«, den wir in Abschnitt 7.2 als einen von drei Closed Loops der BI beschrieben haben, durch deren Überlagerung die Möglichkeiten zur Generierung von Business Benefits durch Business Intelligence geschaffen werden.

Am Beispiel dieses Prozesses lässt sich die Integrationsleistung darstellen, die durch Business Intelligence erzielt werden kann. Die Fälle 4-JA und 4-NEIN in Abbildung 8.2 können innerhalb einer Business Intelligence Organisation, wie sie in Abschnitt 9.2. dargestellt wird, vermieden werden bzw. sie werden durch entsprechende Routinen innerhalb der BI-Organisation sofort in Mehrwerte transformiert.

Ein Business Intelligence Competence Center (BICC) mit einem Anforderungs-Management, in dem alle Beteiligten aus Fach- und Querschnittsbereichen sowie der IT zusammenarbeiten, stellt genau die Verzahnung zwischen Business und IT her, die zur Herstellung einer hohen Qualität operativer Prozesse, Systeme und Daten benötigt wird.

Diese Verzahnung von Business und IT kann nur durch eine übergreifende Business Intelligence Struktur sichergestellt werden. Ohne diese Organisation erzeugen die Abstimmungsprozesse so hohe Reibungsverluste, dass die BI-Initiative scheitern wird.

Aus Sicht Business Intelligence sind durch die in diesem Kapitel beschriebenen Zusammenhänge folgende BI-Kernthemen betroffen:

- Master Data Management
- Datenqualität
- Business Intelligence »Closed Loop Quality«
- KIO-Server Architektur
- Business Intelligence Competence Center
- Struktur und Aufgaben des BICC
- Zielkonflikte in BI-Initiativen

Die Vielfalt der Themen, die mittelbar oder unmittelbar vom Aufbau von KIO-Servern und dem damit verbundenen Master Data Management betroffen sind, macht deutlich, dass die Bündelung aller relevanten Themen in einer zentralen Organisation wie einem BICC die entscheidende Maßnahme zur Erzeugung der erforderlichen Umsetzungsrelevanz im gesamten Unternehmen ist.

Um einen wie oben beschriebenen Service eines KIO-Servers aufsetzen zu können, bedarf es einer Reihe von Konventionen, die im Unternehmen vereinbart sein müssen:

1. Der KIO-Server hat die Datenhoheit über die Daten eines Business-Objektes; er ist das Mastersystem.

2. Zur Ausübung der Datenhoheit durch den KIO-Server ist ein Regelwerk mit den Fachbereichen vereinbart, das u.a. definiert, in welchen Fällen eine Datenlieferung erfolgen darf und wann eine Anforderung durch den KIO-Server weiter geprüft werden muss.

3. Kann die Legitimität einer Anforderung an den KIO-Server vom anfordernden System nicht nachgewiesen werden, liefert der KIO-Server keine Daten.

Vereinbarungen dieser Art können nur von dafür autorisierten Mandatsträgern aller beteiligten Bereiche verbindlich getroffen werden (siehe hierzu auch Abschnitt 9.1.4 zum Thema »Compliance«).

Alleine Punkt 1 der Liste oben kann in Unternehmen Diskussionen auslösen, die sich zu Show-Stoppern für eine BI-Initiative entwickeln können. In diesen Diskussionen kommen auch Aspekte zum Tragen, die wir in Kapitel 11 ausführlich aufgreifen.

Gelingt jedoch z.B. der Aufbau der KIO-Server-Architektur als übergreifendes Master Data Management, so können von den KIO-Servern innerhalb einer parallel aufgesetzten SOA eine Vielzahl an Services bereitgestellt werden, die im Falle von Business Intelligence entscheidende Beiträge zur Lösung substanzieller Problemlagen leisten können. Von diesem Status ausgehend ist es nur noch ein kleiner Schritt bis zur Datenbereitstellung des KIO-Servers an ein System als Service innerhalb einer SOA (vgl. Abschnitt 8.2.1).

Bei der Betrachtung eines Maßnahmenbündels, das die gegebene Komplexität der wechselseitigen Abhängigkeiten von Themen berücksichtigt und alle beschriebenen Mehrwerte erzeugen soll, entsteht oft der Eindruck, alle diese Maßnahmen müssten umgesetzt sein, *bevor* Business Intelligence erste Mehrwerte erzeugen kann.

Dies ist jedoch nicht der Fall! Business Intelligence liefert bei durchdachter Planung eines übergreifenden Konzeptes schon früh die ersten Benefits in Form von Quick Wins.

Hinweis

Die zeitliche Planung aller Maßnahmen einer BI-Initiative in einer umfassenden Gesamtplanung mit einer Parallelisierung von Aktivitäten ist Gegenstand von Kapitel 10.

8.1.14 Projekt »Meta Data Services Build Up«

Wenn im Vorprojekt zu Meta Data Services die Tool-Auswahl erfolgt ist, kann mit dem Aufbau der Services begonnen werden. Unabhängig vom Tool und dem Datenbankhersteller sollte im Projektauftrag zum Aufbau eines Data Warehouses immer auch vereinbart werden, dass bei Produktionsaufnahme auch eine komplette Initialbeladung des Meta Data Tools bereitgestellt wird, auf der dann alle weiteren Meta

Data Services aufbauen. In der Regel wird dafür kein eigenes Projekt aufgesetzt, sondern dieser Task ist Bestandteil des Hauptprojektes zum Aufbau des Data Warehouses.

8.1.15 Projekt »Data Warehouse Build Up«

Hierbei handelt es sich um das zentrale Projekt zum Aufbau des Data Warehouses, auf dessen konsolidiertem Datenbestand dann die Business Intelligence in allen Ausprägungen bis hin zum Corporate Performance Management aufbauen.

Wesentliche Entscheidungen und Designaspekte zum Aufbau des DWH wie z.B. Architektur, Plattform-Backend und -Frontend, logisches sowie physisches Datenmodell, Betriebskonzept, Berechtigungskonzept, Rollenkonzept, Incident-Management, SLAs, Power-User-Konzept, Schulungen usw. müssen zwingend im Vorfeld beantwortet worden sein bzw. in diesem reinen Build-Projekt aufgebaut werden. Es handelt sich an dieser Stelle um ein reines Umsetzungsprojekt, dessen Rahmenbedingungen und notwendige Vorleistungen in anderen Projekten erbracht wurden. In diesem Projekt werden die einzelnen Schritte nur noch umgesetzt, sodass es z.B. folgende große Meilensteine aufweist:

- Hardwareanschaffung und Installation
- Softwareanschaffung und Installation
- Aufbau der vorher beschriebenen Schnittstellen (Integration in die KIO-Server-Architektur)
- Aufbau des ETL-Prozesses
- Umsetzung der zuvor beschriebenen Reports und Analysen
- Entwickler-, System- und Integrationstests
- Fachliche Tests
- Abnahme des Gesamtsystems
- Schulungen
- Produktionsübergang
- Aufnahme User-Support

Diese Liste muss in konkreten Projekten an die individuellen Erfordernisse des Unternehmens angepasst werden und ist hier auf einer sehr hohen Abstraktionsebene dargestellt. Darüber hinaus laufen Arbeitspakete einzelner Themenbereiche parallel. Der Projektplan, der die konkreten Arbeitspakete im Zeitverlauf abbildet, ist natürlich in Abhängigkeit vom Umfang eines konkreten Projektes sehr viel komplexer.

Auch wenn es den einen oder anderen vielleicht überraschen mag, so ist zu diesem Projekt tatsächlich nicht viel mehr zu schreiben, denn die notwendigen Vorarbeiten und Parallelaktivitäten wurden oder werden zum Zeitpunkt dieses Projektes in anderen (Teil)Projekten umgesetzt. In diesem Punkt spiegelt sich die Tatsache wider, dass Data Warehouse und Business Intelligence Themen (Projekte) des gesamten Unternehmens sind, die auch über das gesamte Unternehmen koordiniert werden müssen. Bei guter Vorbereitung und auf Basis eindeutiger Entscheidungen über die Zielsetzung des Systems ist der eigentliche Aufbau des Systems reibungslos umsetzbar.

8.1.16 Projekt »Business Intelligence – Figures & KPIs«

Wenn das Data Warehouse aufgebaut ist und eine qualitativ gesicherte Datenbasis für Reports und Analysen liefert, beginnt der eigentliche Aufbau von Business »Intelligence«. Denn wie anfangs festgestellt, ist BI auch bei höchster Datenqualität immer noch nicht »intelligent«. Die Intelligenz muss dem System vom Menschen »eingehaucht« werden, indem definiert wird, welche Funktionalitäten wem an welcher Stelle im Unternehmen bereitgestellt werden sollen. Experten für die inhaltliche Definition von Kennzahlen und KPIs sind die Fachbereiche.

8.1.17 Projekt »Aufbau Closed Loops der BI«

Mit dem Aufbau des Enterprise Data Warehouses und der Lieferung qualitativ gesicherter Daten über die realen Geschäftsprozesse im Unternehmen sollte damit begonnen werden, Analyseergebnisse des DWH in die operative Prozess- und Systemwelt zurückzuspielen, um

Erkenntnisse über Prozess- und Datenqualitätsdefizite zu deren Behebung zu nutzen. Im nächsten Schritt können z.B. am POS (Point of Sales) Informationen bereitgestellt werden, die einen Mitarbeiter in die Lage versetzen, einen konkreten Verkaufserfolg zu erzielen, der ohne die DWH-Information nicht hätte erzielt werden können.

Wenn dieser Closed Loop aufgebaut werden kann, besitzt das Gesamtsystem einen Reifegrad, auf dessen Basis es einen signifikanten Beitrag zur Steuerung des Unternehmens insgesamt leisten wird (vgl. Kapitel 7 für detaillierte Informationen zum Aufbau von Closed Loops der Business Intelligence).

8.1.18 Business Need – Warum soll was analysiert werden?

Diese Frage bezieht sich auf die konkreten Geschäftsvorfälle bzw. Arten von Geschäftsvorfällen, deren Erfolg über Kennzahlen und KPIs gemessen werden sollen. Es ist für jeden Einzelfall fachlich zu beschreiben, warum es notwendig ist, den Erfolg eines Geschäftsvorfalls in der angeforderten Form zu messen. In der Regel wird die Begründung lauten, dass ein Ziel erreicht werden muss, das sich aus allgemeiner Unternehmensstrategie und konkreten Zielen eines bestimmten Bereiches für das Geschäftsjahr ergibt, sodass die beteiligten Bereiche permanent über den Status der Zielerreichung informiert sein müssen.

Bei Auftragseingang und Umsatz z.B. wird es zumeist wohl keine großen Diskussionen über die Notwendigkeit eines solchen Reportings geben. Soll aber z.B. die Durchlaufzeit von Kundenanfragen auf Ebene einzelner Mitarbeiter gemessen werden, könnten beispielsweise die Interessen der Fachbereiche und des Sozialpartners, die unbedingt beide im Anforderungsmanagementprozess für BI vertreten sein sollten, so unterschiedlich sein, dass eine Finalisierung dieser Anforderung aufwendig werden kann.

Die Frage nach dem »Warum« einer Anforderung ist für die spätere Nutzung und Akzeptanz des BI-Systems von existenzieller Bedeutung. Kennzahlen und KPIs sind kein Selbstzweck. Mit Kennzahlen, KPIs und Analysen, die später niemand braucht, weil ihnen kein wirklicher Business Need zugrunde liegt, kann ein BI-System sinnlos werden, während in ihm gleichzeitig wertvolle Ressourcen gebunden bleiben. Diesen Zustand »überlebt« auf Dauer kein System. BI-Verantwortliche sollten daher im eigenen Interesse besonders großen Wert auf eine plausible Begründung von Reporting-Anforderungen legen.

Auch bei der Ermittlung und Bewertung von Anforderungen an ein zukünftiges BI kann ein BI Readiness Check schon frühzeitig wertvolle Erkenntnisse darüber liefern, ob die Erwartungshaltungen der Fachbereiche gegenüber dem neuen System realistisch sind und inwieweit die Gesamtstrategie des Unternehmens sich in diesen Erwartungen widerspiegelt (vgl. Abschnitt 6.3).

8.1.19 Adressaten – Wer erhält welche Ergebnisse?

Natürlich werden nicht alle im Data Warehouse und der Business Intelligence insgesamt verfügbaren Auswertungen jedem im Unternehmen zur Verfügung gestellt. Aus der Definition des Business Needs kann normalerweise immer auch abgeleitet werden, wer bestimmte Kennzahlen, KPIs, Reports usw. erhalten soll. Zugriffe auf Analysen werden über Berechtigungskonzepte mit definierten Regeln und Rollen geregelt, die im Rahmen des Projektes »Data Warehouse Build Up« hinterlegt werden. Die Information, wer auf Basis des Berechtigungskonzeptes welche Daten sehen darf, muss mit einer Anforderung an ein BI-System geliefert werden. Ob diese Sichten wie angefordert eingerichtet werden können, muss immer im AFM-Board mit allen Beteiligten – also auch mit Datenschutz und Sozialpartner – abgestimmt werden. Da Business Intelligence ein Prozess ist und somit also einem permanenten Wandel unterliegt, muss auch das Berechtigungskonzept in Einzelfällen immer wieder an neue Anforderungssituationen angepasst werden. Dabei ist allerdings genau darauf zu achten, dass alle relevanten Bestimmungen zu den Themen Datenschutz und Datensicherheit eingehalten werden und es nicht zu einer schleichenden Aufweichung der Sicherheitsrichtlinien kommt.

8.1.20 Operative Daten – Welche Bewegungsdaten (Fakten)?

Ist der Business Need für eine Anforderung an die BI durch alle Beteiligten bestätigt, so muss definiert werden, aus welchen operativen

Daten welche analytisch relevanten Informationen abgeleitet und berechnet werden können. Das kann bei großen Unternehmen mit einer komplexen Systemlandschaft unter Umständen wesentlich komplizierter sein, als man auf den ersten Blick vermutet.

Dazu ein einfaches Beispiel:

Ein Unternehmen mit einem CRM-System, in dem die vertrieblichen Daten bis zum vertrieblichen Abschluss eingepflegt werden, und einem SAP-System, das die kaufmännischen Datenbestände der Finanzbuchhaltung mit den Vertragsdaten hält, benötigt Kennzahlen und KPIs über die Entwicklung des Auftragseingangs. Dieser Business Need dürfte unter allen Beteiligten unstrittig sein. Es stellt sich jedoch die Frage: Was ist überhaupt ein Auftragseingang? Ein Vertragsabschluss im CRM-System, in dem der Vertrieb seine Daten eingepflegt hat, oder der Vertrag im SAP-System, der die vom Controlling freigegebenen Werte dieses Geschäftsvorfalls zeigt? Beide Werte können aus verschiedenen Gründen, die hier nicht näher beleuchtet werden sollen, durchaus voneinander abweichen.

Die Lösung liegt in der Praxis oft darin, dass zwei Auftragseingangswerte im BI abgebildet werden: einer aus Vertriebssicht und einer aus Controlling-Sicht. Entscheidend zur Vermeidung späterer Diskussionen über die Unterschiede zwischen beiden Sichten ist bei dieser Vorgehensweise allerdings, dass alle Beteiligten allen Definitionen zugestimmt haben und dass das Regelwerk für die Berechnung der unterschiedlichen Werte allgemein bekannt, dokumentiert und zugänglich ist. Es muss durch Anwendung des Regelwerkes jederzeit eine Überführung des einen in den anderen Wert möglich sein.

Beide Werte sollten aus dem Data Warehouse als »Single Point of Truth« (SPOT) kommen. Das ist bei – richtigerweise – voneinander abweichenden Werten zum selben Betrachtungsgegenstand von besonderer Bedeutung. Denn wenn noch weitere Werte in eine Diskussion eingebracht werden können, die wiederum eine Abweichung von den beiden vereinbarten Werten aufweisen, ist keine Reporting-Sicherheit mehr gegeben, die Akzeptanz der Berichte sinkt dramatisch, und es entstehen Bypass-Reportings mit den schon beschriebenen unangenehmen Folgen.

8.1.21 Stammdaten – Welche Stammdaten (Dimensionen)?

Erweitern wird das oben genannte Beispiel um die Stammdatendimensionen »Zeit« und »Kunde«: Die im Beispiel erörterte Frage der Definition des Auftragseingangs stellt sich schon dann, wenn lediglich auf Ebene des Gesamtunternehmens AE-Werte berechnet werden sollen. Diese Berechnung sagt aber noch nichts darüber aus, in welchem Zeitraum mit welchen Kunden und Produkten in welchem Vertriebssegment dieser AE erzielt wird – das Ergebnis würde lediglich lauten: Die abc AG hat aus Sicht Vertrieb x Mio. € und aus Sicht Controlling y Mio. € erzielt.

Die Fragen nach der Zeit, den Kunden, den Produkten, der Vertriebssegmente und aller anderen »Dimensionen« ist die Frage nach den Stammdaten, auf deren Basis die Bewegungsdaten abgebildet werden sollen.

Als Zeitraum setzen wir für unsere Beispiel das gerade aktuelle Jahr von Januar bis Dezember. Das aktuelle Jahr aus Sicht Vertrieb soll abgeleitet werden aus dem Datumsfeld im CRM-System, das den Zeitpunkt der Vertragsunterzeichnung mit dem Kunden angibt. Das aktuelle Jahr aus Sicht Controlling soll abgeleitet werden aus dem Datumsfeld im SAP-System, das den Zeitpunkt der Einbuchung des Vertragswertes angibt (periodenübergreifende Buchungen betrachten wir hier nicht). In der Regel sind diese Datumswerte nicht identisch, sodass sich schon durch die unterschiedliche zeitliche Zuordnung von Ereignissen Abweichungen zwischen beiden Werten ergeben werden, die anhand des Regelwerkes aber erklärbar sind.

Nehmen wir nun an, wir wollen die AE-Berichte erweitern um die Dimension Kunde. Dann stellt sich in unserem Beispiel die Frage: Was ist überhaupt ein Kunde? Ein Stammdatenelement im CRM-System oder eines im SAP-System? Sind die Stammdaten zu einem Kunden identisch oder existieren zu demselben Kunden in beiden Systemen unterschiedliche Informationen? Wenn die Stammdaten in beiden Systemen unterschiedlich sind: Gibt es eine Überführung zwischen beiden Systemen (Mapping), dem zu entnehmen ist, welcher Kunde im CRM-System welchem Kunden im SAP-System (und umgekehrt) entspricht? In Unternehmen mit hoher Komplexität von Organisation, Prozessen und IT-Landschaft wird die Liste der in solchen und ähnlichen Zusammenhängen zu beantwortenden Fragen beliebig lang (vgl. Abschnitte 3.7, 8.1.11 und 8.1.12).

Lässt sich das nach Beantwortung aller vorstehenden Fragen letztlich definierte Business-Objekt »Kunde« einfach »flach« auf einer Stufe abbilden oder sind die Kunden z.B. Großunternehmen und Konzerne mit einer eigenen Hierarchie, innerhalb derer der Vertrieb unserer abc AG mit jedem beliebigen Hierarchieelement Geschäftsbeziehungen unterhalten kann? Wenn es eine Hierarchie ist: Auf welcher Ebene dieser Hierarchie soll berichtet werden? Wenn über mehrere Ebenen berichtet werden soll: Sollen die Werte der oberen Hierarchieelemente durch Aggregation der darunter liegenden Ebenen erzeugt werden oder gibt es Sonderregeln? usw. ...

Um die Komplexität noch einen Schritt zu erhöhen: Wenn die Abbildung der Kunden geklärt ist, stellt sich immer noch die Frage nach der Vertriebsorganisation, die natürlich in dem AE-Reporting auswertbar sein soll, denn man will ja wissen: »Welche Vertriebseinheit macht mit welchen Kunden wie viel Geschäft?« – quasi die Mutter aller Reporting-Anforderungen.

Handelt es sich bei der Vertriebsorganisation um eine Hierarchie? Welche Kunden auf welcher Kundenhierarchieebene werden welchen Vertriebseinheiten auf welchen Ebenen der Vertriebshierarchie zugeordnet? Ist diese Zuordnung starr oder flexibel – das heißt: Gibt es unterschiedliche Betrachtungsweisen der Zuordnungen von Kunden zu Vertriebseinheiten, die z.B. für unterschiedliche Adressatenkreise im BI auswertbar sein sollen, weil z.B. Sales, Marketing und Controlling unterschiedliche Sichten auf den Kunden haben?

Die Komplexität der Gesamtanforderungen lässt sich auf diese Weise beliebig erhöhen, und am Ende steht die Erkenntnis, dass diese Komplexität nur noch beherrscht werden kann, indem alle relevanten Fragestellungen strukturiert und eindeutig beantwortet werden. Das betrifft:

- Bewegungsdaten
- Stammdaten
  - Kunden, Lieferanten, Produkte, interne/externe sowie reale/virtuelle Organisationen usw.
- Aspekte des Datenschutzes
- Aspekte des Sozialpartners
- Aspekte externer Anforderungen
  - Bilanzierungsrichtlinien
  - SOX

Was die Stammdaten betrifft, so ist davon auszugehen, dass nur eine dezidierte KIO-Server-Architektur über alle für das jeweilige Unternehmen relevanten Stammdatenobjekte den Anforderungen an komplexe Reporting-Strukturen gerecht werden kann. Reporting-Systeme, in denen es möglich ist, dass heterogene Stammdatenstrukturen in verteilten Systemen aufrechterhalten werden, müssen eines Tages an eklatanten Defiziten der Datenqualität scheitern.

Es kann nur nachdrücklich empfohlen werden, die Koordination dieser umfangreichen Anforderungsszenarien in einem gemeinsamen Anforderungsmanagement-Board (AFM-Board) als Bestandteil eines übergeordneten Business Intelligence Competence Center (BICC) zu bündeln und durchzuführen. Ohne Autorisierung durch das Topmanagement kann eine Organisationseinheit die benötigte Umsetzungsrelevanz in den beteiligten Bereichen nicht erzeugen. In Organisationen ab einer bestimmten Größenordnung sind einzelne Abteilungen oder Mitarbeiter bei der Strukturierung solch hoher Komplexität völlig chancenlos.

Aus den konsolidierten, qualitativ gesicherten Datenbeständen im Data Warehouse wird nur dann »Business Intelligence«, wenn alle Bereiche des Unternehmens bei der Definition dessen, was auf Basis dieses Datenbestandes berechnet werden soll, im Sinne der Unternehmensstrategie kooperieren.

8.1.22 Projekt »Business Intelligence – Frontend Integration«

Die Umsetzung in dem im Vorprojekt entschiedenen Frontend-Tool ist dann wiederum eine reine IT-Aufgabe. Alle Definitionen von Reports, Analyseapplikationen und Dashboards werden in diesem Projekt auf Basis der jeweiligen Frontend-Technologie umgesetzt.

Die Überprüfung der Lauffähigkeit des Frontends mit allen Funktionen in den Arbeitsplatzumgebungen der Mitarbeiter aller Ebenen muss spätestens in diesem Projekt abgeschlossen werden. Im Idealfall ist diese Überprüfung schon im Vorprojekt erfolgt, und alle notwendigen Maßnahmen, um die Lauffähigkeit des gewünschten Frontends über alle im Unternehmen möglichen Arbeitsplatzkonfigurationen sicherzustellen, sind beschrieben und müssen in diesem Projekt nur noch umgesetzt werden.

8.1.23 Layout und Funktionen

Diese Frage hängt sehr eng mit dem vorherigen beschriebenen Projekt »Business Intelligence – Frontend-Integration« zusammen, weil durch die Auswahl eines bestimmten Frontend-Tools die technischen Möglichkeiten vorgegeben sind. Konkrete Kennzahlen-, KPI-, Report- und Analyseanforderungen können aber zu jedem beliebigen Zeitpunkt unabhängig vom später verwendeten Tool-Hersteller beschrieben werden, indem z.B. definiert wird, welche Daten ein Report enthalten soll, wie er aussehen soll, in welche Ebenen aus einer aggregierten Sicht eines Ergebnisreports per Drill-Down und/oder per Drill-Through navigiert werden soll usw. Die kompletten Reports und Analyse-Applikationen müssen zunächst inhaltlich und funktional beschrieben werden.

Darüber hinaus können Information auch unabhängig vom Frontend bereitgestellt werden. Zum einen können Ergebnisse aus Analysen des Data Warehouses direkt in operative Systeme zurückgespielt werden, um einen operativen Prozess zu unterstützen. Zum anderen können Datenbankereignisse wie z.B. der Eingang eines Big Deals direkt auf Empfangsmöglichkeiten wie Handy, Pager, RSS-Feeds usw. gesendet werden. Auch diese Aspekte der Anforderungen können unabhängig von der konkreten technischen Umsetzung im BI beschrieben werden.

8.1.24 Projekt »Business Intelligence – Portal Integration«

Was für das Frontend-Tool gilt, ist für die Integration von BI-Inhalten in Intranet-Portale des Unternehmens gleichermaßen gültig. Ein Portal kann auch als Frontend aufgefasst werden. Insofern können alle Maßnahmen zur Portalintegration auch innerhalb eines Projektes zur Frontend-Integration für alle möglichen Frontends durchgeführt werden (siehe hierzu auch Abschnitt 4.6., »Neue Kollaborationsmodelle«).

8.2 BI und Services Oriented Architecture

Die Service Oriented Architecture (serviceorientierte Architektur, SOA) findet in der IT-Welt zunehmenden Zuspruch. Hinter SOA steht ein modulares Konzept mit prozessualen sowie technischen Komponenten.

Eine SOA-Anwendung ist eine Kombination von verschiedenen Diensten (auch *Services* genannt), die modular aufgebaut sind und flexibel zur Umsetzung von IT-Prozessen kombiniert werden können. Ein Dienst ist eine Komponente, die eine genau definierte Funktionalität über eine standardisierte Schnittstelle anderen Services oder Anwendungen zur Verfügung stellt. Die zugrunde liegende Architektur beruht auf lose gekoppelten und technisch voneinander unabhängigen Services, deren Interoperabilität auf offenen Standards basiert und somit eine klare Trennung von Logik und Technik ermöglicht. Die Services erfüllen jeder für sich eine bestimmte Aufgabe, operieren unabhängig voneinander, sind austauschbar und erweiterbar.

Durch den modularen Charakter wird ein vergleichsweise hohes Maß an Flexibilität zur Verfügung gestellt, durch die im Einklang mit den geschäftlichen Anforderungen schnell neue IT-Prozesse aufgebaut werden können, ohne die systemische und prozessuale Komplexität signifikant zu erhöhen. Insofern kann ein modular orientiertes Vorgehensmodell wie SOA wesentlich dazu beitragen, der zunehmenden Komplexität in Form entsprechender fachlicher, organisatorischer und prozessualer Vielfalt im Unternehmen zu begegnen.

Da eine SOA letztlich der Abbildung eines Prozessnetzwerks entspricht, können auch BI-Komponenten in diesem Konstrukt zur Verfügung gestellt werden. Beispielsweise ist es denkbar, dass bei der Erfassung von Kundendaten im Point of Sales ein BI-Service in Form eines Credit Scorings (Bonitätsprüfung) abgerufen wird und im Anschluss eine entsprechende Freigabe durch den zuständigen Fachbereich erfolgt. Dieser Trend »BI as a Service« kann die zunehmende Einbindung von BI in operative Prozesse zur Folge haben. Eine Transformation von BI-Anwendungen mit stark eingeschränkter Zielgruppe wie beispielsweise den Management Information Systems (MIS) hin zu breiten Anwenderkreisen in operativen Prozessen (»BI for the masses«) könnte langfristig die Folge sein.

Auch ermöglicht es die SOA-Systemlandschaft, ein »Business Activity Monitoring« (BAM) auf den Geschäftsprozessen abzubilden. So werden Kennzahlen zur Unternehmenssteuerung direkt aus den operativen Prozessen gewonnen. Diese Entwicklung macht den Einsatz von »Near Real Time« Data Warehouses dort möglich und sinnvoll, wo Datenvolumina, Performance und Ressourcen dies zulassen.

Die Einbindung von BI-Services in operative Geschäftsprozesse hat allerdings auch einen gesteigerten Qualitätsanspruch an zwei BI-System-Bereiche zur Folge:

- an die Verfügbarkeit: Hochverfügbarkeit wird auch im BI-Umfeld zunehmend eine zwingende Notwendigkeit.

- an die Datenqualität: Bedingt durch den Echtzeitansatz (Near Realtime Data Warehouse) müssen falsche Daten, die zu Entscheidungen führen, unmittelbar korrigiert bzw. deren Fehlerhaftigkeit muss durch Systemeigenschaften verhindert werden.

8.2.1 BI und SOA am Beispiel des Master Data Managements

In Abschnitt 3.5 wurde das Fehlen eines durchgängigen Master Data Managements (Stammdaten-Management) als eine der strukturellen Ursachen für das Scheitern von BI-Initiativen beschrieben. Am Beispiel von Kundenstammdaten wurde in den Abschnitten 8.1.11 und

8.1.12 gezeigt, wie durch eine KIO-Server-Architektur (KIO = Kern-Informations-Objekt) mit einer für die hohe Qualität der Daten zuständigen Organisationseinheit (Clearingstelle) das Master Data Management aufgesetzt werden kann. Alle operativen und dispositiven Systeme werden danach über KIO-Server mit denselben, qualitativ gesicherten Daten versorgt, sodass jedes angeschlossene System konsolidierte, homogene Daten verarbeitet.

Aus Sicht von Business Intelligence wird dadurch der »Closed Loop Quality«, wie er in Abschnitt 7.2. beschrieben wurde, von einem KIO-Server für das Business-Objekt realisiert, für das er als Mastersystem steht (z.B. das Business-Objekt Kunde).

Die folgende Abbildung zeigt anhand der Abbildungen 7.2. und 8.1. aus vorangegangenen Kapiteln, wie sich die konzeptionelle Ebene der Business Intelligence-Themen »Master Data Management« und »Datenqualität« auf Ebene der Umsetzung in Systemen in Verbindung mit einer SOA widerspiegelt:

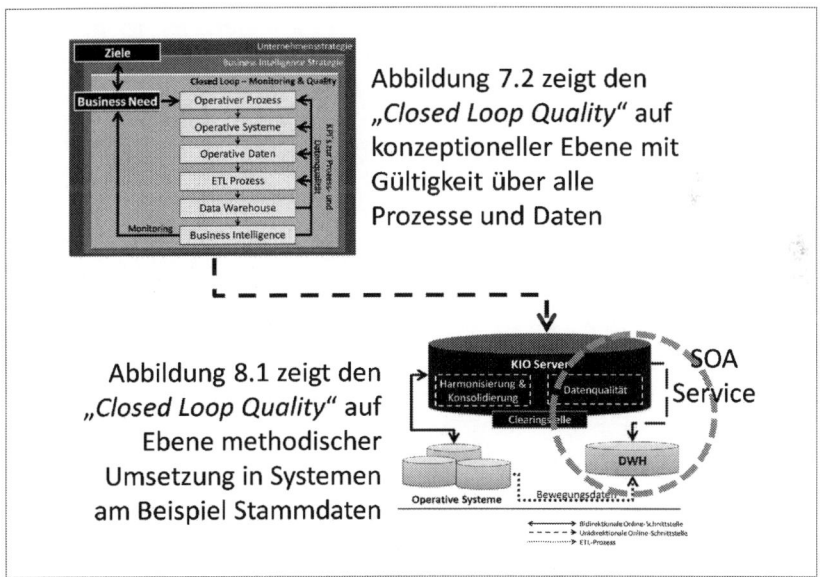

Abb. 8.3:   »Closed Loop Quality« mit KIO-Server und SOA-Service

Die einzelnen Schritte zum Aufbau eines KIO-Servers, seiner initialen Befüllung und der Etablierung einer Clearingstelle haben wir in Abschnitt 8.1.11 beschrieben. Der KIO-Server steht nach diesem Aufbau mit Clearingstelle und allen benötigten Funktionalitäten zur Verfügung. Für die Nutzung von Kundenstammdaten durch operative und dispositive Systeme gelten dann folgende Rahmenbedingungen:

1. Neuanlagen, Änderungen und Löschungen von Kundenstammdaten werden ausschließlich auf dem KIO-Server vorgenommen.

2. Operative und dispositive Systeme halten keine eigenen Kundenstammdaten.

3. Die Clearingstelle stellt mithilfe spezialisierter Tools auf einer KIO-Server-Konsole die hohe Datenqualität der Kundenstammdaten sicher.

4. Alle operativen Systeme beziehen ihre Kundenstammdaten über standardisierte Online-Schnittstellen aus dem KIO-Server und sind permanent mit dem KIO-Server synchronisiert.

5. Alle dispositiven Systeme beziehen ihre Kundenstammdaten über standardisierte Schnittstellen aus dem KIO-Server und sind mit dem KIO-Server synchronisiert.

Der Prozess zur eigentlichen Bereitstellung der Daten aus einem KIO-Server ist in der Endausbaustufe einer von vielen denkbaren Services, den der KIO-Server für angeschlossene Systeme erbringen kann. Der Service selbst besteht in einer Datenbereitstellung in einem definierten Schnittstellenformat. Der Service kann auf der Konsole des KIO-Servers für jedes belieferte System an- und abgeschaltet werden.

Bei der Komplexität der Gesamtanforderungen an eine BI-Initiative kommen unter Umständen schon in der Planungsphase Zweifel an der Durchführbarkeit aller Maßnahmen in einem sinnvollen zeitlichen Rahmen auf.

Hinweis

Die zeitliche Planung aller Maßnahmen einer BI-Initiative in einer umfassenden Gesamtplanung mit einer Parallelisierung von Aktivitäten ist Gegenstand von Kapitel 10.

8.3 BI und Corporate Performance Management

Das übergeordnete Ziel von Business Intelligence ist die Verbesserung der Steuerungsfähigkeit und letztlich der Leistungsfähigkeit und Profitabilität eines Unternehmens.

Das Corporate Performance Management (CPM) kann insofern als die nächste auf Business Intelligence folgende »Evolutionsstufe« der Transformation von Informationen und Daten in entscheidungsrelevantes Wissen aufgefasst werden. Diese evolutionäre Weiterentwicklung von Business Intelligence in ein Corporate Performance Management ist vor allem geprägt durch die Erweiterung der Berichtsfähigkeit in der Dimension Zeit um die Zukunft.

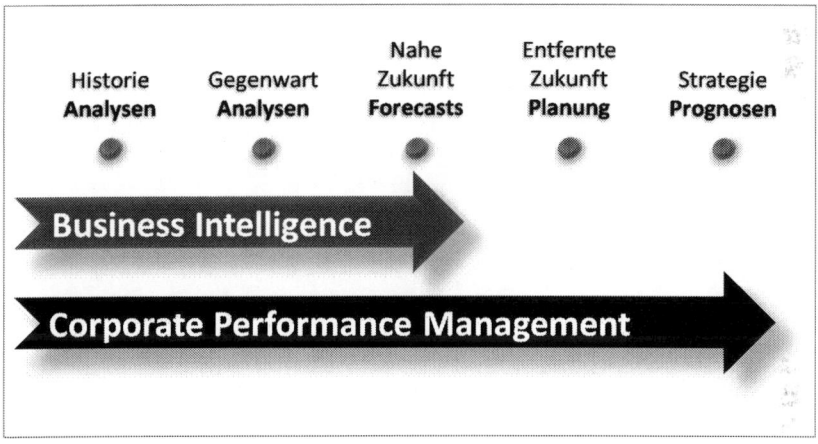

Abb. 8.4: Zeithorizonte von BI und CPM

Business Intelligence analysiert klassisch zunächst zurückliegende und gegenwärtige Ereignisse bis in die unmittelbare Zukunft, die mittels Forecasts bewertet wird. Corporate Performance Management erweitert diese Sicht um Planungsszenarien und weit in die Zukunft reichende Prognosen, die zur Ableitung strategischer Ansätze dienen.

Die Ziele des CPM können nur durch einen sehr hohen Integrationsgrad von Prozessen, Systemen und Organisationsformen erreicht werden. Damit stellt CPM als Weiterentwicklung von Business Intelligence noch höhere Anforderungen an die allgemeinen Rahmenbedingungen im Unternehmen.

Der Abschluss der wichtigsten Optimierungsmaßnahmen durch Business Intelligence muss als Mindestvoraussetzung für CPM gesehen werden:

- Ohne eine gemeinsame, konsolidierte Datenbasis in einem Enterprise Data Warehouse (EDWH) als »Single Point of Truth« kann das Corporate Performance Management durch die IT nicht sinnvoll unterstützt werden

- Wenn keine konsolidierten, harmonisierten Stammdaten zur Verfügung stehen, können Planungsinstrumente und Analysesysteme keine gemeinsamen Sichten erzeugen. Monitoring der Zielerreichung und Steuerung durch Maßnahmenableitung wären nur unscharf möglich; die Steuerung wäre ungenau.

- Fehlt ein funktionstüchtiges BI-Frontend, so können die benötigten Funktionalitäten nicht integriert abgebildet werden; verteilte Systeme erzeugen Reibungsverluste.

- Ohne Power-User-Konzept fehlt den Usern das Know-how, um die Applikationen richtig zu bedienen.

- Nur durch Meta Data Services, Dokumentation und Big Picture Management sind kurze Umsetzungszeiten bei neuen fachlichen Anforderungen möglich.

- Nur durch eine organisatorische Bündelung (BICC) können alle Einzelmaßnahmen bis in die Tiefe der fachlichen und technischen Details koordiniert werden.

- Integration von Kollaborationsmodellen (Web 2.0.) in die BI-Technologie und die BI-Prozesse, um strategische Entscheidungen zu unterstützen (vgl. Abschnitt 4.6).

Umgekehrt bedeutet dies, dass durch die erfolgreiche Einführung von Business Intelligence die wichtigsten Voraussetzungen für ein Corporate Performance Management geschaffen werden.

Von Corporate Performance Management kann dennoch erst gesprochen werden, wenn

- Planung

- Analyse

- Steuerung

in integrierten Plattformen mit qualitativ hochwertigen Daten bearbeitet werden können. Die gegenseitigen Abhängigkeiten zwischen diesen Bereichen müssen logisch in den Systemen abgebildet sein, sodass keine Inkonsistenzen entstehen. Stammdaten müssen in einem kontinuierlichen Pflegeprozess mit allen operativen und dispositiven Systemen synchronisiert sein.

Nur durch ein übergeordnetes Konzept für die Gesamtsystematik, mit der das Unternehmen gesteuert werden soll, können Planungen so frühzeitig und sauber über die gesamte Organisation abgebildet werden, dass zu Beginn eines neuen Geschäftsjahres jeder Mitarbeiter seine persönlichen Ziele kennt und weiß, wie diese sich aus den Unternehmenszielen ableiten. Die Planung ist die Voraussetzung für das Monitoring der Zielerreichung, das wiederum als Input für die Ableitung vom Maßnahmen und damit der Steuerung dient. Ein klassischer Regelkreis.

Aufgrund des zunehmenden Verdrängungswettbewerbs in gesättigten Märkten wird ein auf belastbaren Informationen beruhendes Corporate Performance Management heute immer wichtiger für die Aufrechterhaltung der Wettbewerbsfähigkeit von Unternehmen, deren Zukunftsfähigkeit mehr und mehr davon abhängt, wie gut es gelingt, die zunehmende Flut an Daten und Informationen in handlungsrelevantes Wissen zu verwandeln und Entscheidungsprozesse mit objektivierbaren Fakten zu unterstützen.

Business Intelligence kann diesen Prozess ab einem hohen Integrationsgrad auf den Ebenen Organisation und IT-Systeme unterstützen. Sind jedoch die wichtigsten Handlungsfelder von BI umgesetzt, so sind die Voraussetzungen für ein erfolgreiches CPM sehr gut.

Der Aufbau und die Besonderheiten des CPM sollen hier nicht weiter vertieft werden. Für weiterführende Informationen hierzu verweisen wir auf die verfügbare Literatur, von der Sie einen Teil im Literaturverzeichnis finden.

Kapitel 9

Business Intelligence erfolgreich managen

Dieses Kapitel behandelt folgende Inhalte:

- Beschreibung erfolgversprechender Rahmenbedingungen für BI-Projekte für die Ebenen:
- Management
- Organisation
- Projekte
- Business Intelligence Competence Center (BICC)

9.1 Management Attention und Mandat

9.1.1 Management Attention

Business Intelligence benötigt zum Erfolg unbedingt die volle Unterstützung des Managements (Management Attention). Ohne Sponsoring und Rückhalt durch das Topmanagement lässt sich kein BI-Projekt erfolgreich durchführen. Der Grund hierfür ist: Business Intelligence ist ein Unternehmensprozess, der alle Bereiche und Hierarchieebenen eines Unternehmens betrifft. Bei den mannigfaltigen Umsetzungshemmnissen, denen sich ein so komplexer und umfassender Unternehmensprozess unter Umständen gegenübersehen kann, ist die Wahrscheinlichkeit sehr hoch, dass – aus welchen Gründen auch immer – unvorhersehbar ein Erfolgshemmnis auftritt, das zu einem »Show-Stopper« für das Gesamtprojekt und damit für die angestrebte Unterstützung der Unternehmenssteuerung durch die BI werden könnte.

Wenn ein BI-Projekt in einer solchen Situation keine Möglichkeit hat, entweder auf Basis der eigenen Mandatierung durch das Topmanagement oder durch das Topmanagement selbst an der Auflösung dieses »Show-Stoppers« zu arbeiten, wird das Projekt – eventuell erst nach einer gewissen Zeit, in der weiter Geld ausgegeben wurde – scheitern. Sollte das Topmanagement BI als unternehmensweiten Prozess mit allen Ressourcen, die für eine erfolgreiche Umsetzung benötigt werden, nicht befürworten, sollte kein BI-Projekt aufgesetzt werden, weil mit BI-Aktivitäten ohne Top-Level-Unterstützung nur Geld »verbrannt« wird. IT-Verantwortlichen kann nur empfohlen werden, im eigenen Interesse keine Anforderungen diesbezüglich entgegenzunehmen, die nicht vom Auftraggeber ausdrücklich gesponsert werden.

Vielleicht möchten Sie an dieser Stelle anmerken, dass Sie in Ihrem Unternehmen DWH und BI auch gegen die oft erheblichen inneren Widerstände des Unternehmens durchgesetzt und umgesetzt haben. Aber sind diese Projekte wirklich erfolgreich? Erfolgreich in dem Sinne, dass dem Aufwand, der in diese Projekte investiert wurde, ein relevanter Mehrwert in Form von Neugeschäft und/oder der Erhöhung des Unternehmenswertes gegenübersteht? Sind substanzielle Problemlagen wie schlechte Prozess- und Datenqualität, fehlende Flexibilität der Anwender bei der Erstellung von Ad-hoc-Reports usw. wirklich nachhaltig gelöst? Ist für die Aufrechterhaltung eines positiven Status tatsächlich nur noch ein Minimum an Krisenmanagement erforderlich und nicht wiederkehrende, aufwendige Maßnahmen zu einer dann wiederum nur temporären, teuren Beseitigung eines Teilproblems?

Wenn Sie alle möglichen Fragen dieser Art bedenkenlos mit »Ja« beantworten können, dann gehören Sie und Ihr Unternehmen zu einer bemerkenswerten Minderheit, die wahrscheinlich aufgrund besonders günstiger, unternehmensspezifischer Rahmenbedingungen einen als ungewöhnlich zu bezeichnenden Erfolg erreicht haben, der es verdient hätte, im Rahmen entsprechender Symposien vorgestellt zu werden. Bitte kontaktieren Sie uns in einem solchen Fall. Vielleicht lassen sich aus Ihren Vorgehensmodellen Ansätze für Best Practices ableiten.

9.1.2 Mandat

Management Attention und Mandat hängen eng miteinander zusammen. Das Mandat eines BI-Projektes kann nur vom Topmanagement kommen – siehe oben. Wenn das Mandat erteilt wurde, hat das aber nur dann die gewünschte Wirkung, wenn diese Mandatierung im Unternehmen auch bekannt ist. Also muss die Mandatierung über die offizielle Top-Level-Kommunikation in das Unternehmen getragen werden.

Wenn ein BI-Projekt – so wie andere Top Projekte auch – während der laufenden Aktivitäten wiederholt und im Sinne der im Unternehmen üblichen Vorgehensmodelle legitim durch Fachbereiche aufgefordert werden kann, sein Mandat nachzuweisen, kann von bestimmten Interessengruppen alleine durch diese »Verfahrensweise« ein Show-Stopper künstlich erzeugt werden. Bezüglich möglicher Motivlagen hierfür verweisen wir auf Kapitel 11.

Beispiel: Jeder kennt die Situation, dass wichtige Handlungsstränge im Projekt nur nach einer abzuwartenden Gremienentscheidung (Steering Committee) weiterverfolgt werden können und das Projekt bis zu dieser Entscheidung (nahezu) »on hold« steht. In unserem Beispiel würde sich z.B. das AFM-Board zusammenfinden, um verbindliche Entscheidungen über umzusetzende Business-Anforderungen zu treffen.

Wenn es im entscheidenden Meeting möglich ist, dass ein Teilnehmer durch das Anzweifeln der Entscheidungsbefugnis des AFM-Boards den Entscheidungsprozess selbst verzögert, geht weitere Zeit verloren, bis die Frage des Mandats geklärt ist. In der Folge kommt oftmals zunächst kein nächster Termin für das Entscheidungsmeeting zustande, dann wird eskaliert, das Management ist verärgert, der Projektleiter muss im Steering Committee oder gar im Board berichten. Der eigentliche Gegenstand der AFM-Board-Entscheidung gerät aus dem Fokus, der Projektleiter erhält den Auftrag, das ursprünglich geplante Entscheidungs-Meeting neu aufzusetzen, es geht wieder Zeit verloren usw.

Nachdem dieser Ablauf unter Inkaufnahme eines vielleicht monatelangen Zeitverlustes, wie er in Großunternehmen aus solchen Situationen durchaus entstehen kann, zwei- oder dreimal durchlaufen wurde, werden die Verursacher dieser Situation aufgrund ihrer besonderen Interessenslage eventuell thematisieren, dass das Projekt zu lange für die Umsetzung benötige. Eine neue Diskussion beginnt, das Projekt an sich ist in Frage gestellt, es wird nichts mehr umgesetzt, man beschäftigt sich nur noch mit sich selbst. Irgendwann wird das Projekt wegen Erfolglosigkeit gestoppt – Ursache: kein eindeutiges Mandat.

Fazit: Ein BI-Programm, ein BICC und alle Projekte und Organisationselemente, die am Aufbau von BI beteiligt sind, müssen unmissverständlich und für alle im Unternehmen transparent vom Topmanagement das Mandat zur Umsetzung aller erforderlichen Maßnahmen erhalten. Im Idealfall tritt ein Mitglied der Geschäftsführung als Sponsor für das Projekt auf.

9.1.3 Unternehmenskultur

Jedes Unternehmen hat seine eigene Unternehmenskultur. In jedem Einzelfall besteht diese Unternehmenskultur aus einer Reihe von unternehmensspezifischen Elementen, die historisch gewachsen sein können, Brancheneinflüssen unterliegen, durch festgeschriebene Regeln (siehe auch »Corporate Compliance«) bestimmt oder auf andere Art zustande gekommen sind. Die Unternehmenskultur ist in ihren feinsten Facetten immer individuell ausgeprägt und hat für den Erfolg des Unternehmens insgesamt und damit auch für alle im Unternehmen stattfindenden Initiativen eine sehr große Bedeutung.

Da es sich bei BI um einen Unternehmensprozess handelt, der alle Bereiche des Unternehmens berührt, muss die Unternehmenskultur schon in der ersten konzeptionellen Planung einer BI-Initiative berücksichtigt werden. Unternehmenskultur ist wie kaum ein anderer

Aspekt in Unternehmen von Einflüssen des Topmanagements geprägt. Agiert das Topmanagement mit hoher Verbindlichkeit, so wird diese Verbindlichkeit auch in den vom Topmanagement beauftragten Projekten vorhanden sein. Eine der größten Herausforderungen vor Beginn einer BI-Initiative kann daher unter Umständen darin bestehen, z.B. im Rahmen eines BI Readiness Checks selbstkritisch die Frage zu beantworten, ob die notwendige Verbindlichkeit im Unternehmen erzeugt werden kann (vgl. Kapitel 11).

9.1.4 Corporate Compliance

Alle Handlungen in einem Unternehmen basieren letztlich auf der Einhaltung eines verbindlichen Regelwerkes, einer Art konsensualen inneren Wertesystems eines Unternehmens, das von allen anerkannt ist. Es beinhaltet die Einhaltung gesetzlicher Bestimmungen und Richtlinien, aber auch Aspekte wie Moral und Ethik. In vielen Unternehmen existiert z.B. ein »Code of Conduct«, der unter anderem Regeln für den Umgang der Mitarbeiter miteinander beschreibt. Wie oben im Zusammenhang mit dem Mandat beschrieben ist das Vorhandensein einer Corporate Compliance für ein BI-Projekt – so wie für viele andere Themen auch – wünschenswert. Entscheidend ist, dass für alle Vereinbarungen eine hohe Verbindlichkeit geschaffen wird.

9.1.5 IT-Governance

In weiten Teilen werden Daten immer noch ausschließlich im Zusammenhang mit IT-gestützten operativen Geschäftsprozessen wahrgenommen. Diese Sichtweise blendet die Tatsache aus, dass Daten wichtige Produktionsfaktoren sind. Sie sind ein wertvoller Rohstoff eines Unternehmens, dessen Produktion, Verwendung und Qualität bewusst und aktiv gemanagt werden muss. Dies muss sich in einer entsprechenden Governance niederschlagen, in der Richtlinien, Verantwortlichkeiten und zu erreichende Ziele festgehalten werden. Beispielsweise kann es sinnvoll sein, einen eigens für ein Projekt oder Bereich verantwortlichen Datenqualitätsbeauftragten (den sogenannten Data Steward) zu benennen, der die Qualität der Daten permanent überwacht, analysiert, verbessert und berichtet.

Zwischen IT und Management kommt es in nicht unerheblichem Maße zu Verständigungsproblemen, die in Missverständnissen und Vertrauensverlust resultieren können. Aber wie kann der Dialog gefördert und wieder Vertrauen hergestellt werden? Als Grundvoraussetzung ist hierfür zunächst einmal Transparenz nötig, die wiederum nur mit klaren ausgestalten Organisations-, Steuerungs- und Entscheidungsstrukturen möglich ist. Hierfür müssen geeignete Regelwerke mit festgelegten Vorgehensmodellen sowie exakt definierten Service- und Verrechnungsstrukturen implementiert werden.

Muss dies zwingend bedeuten, dass es neben einer Corporate Governance einer IT-Governance bedarf? Eine pauschale Beantwortung fällt schwer, hängt sie doch sehr stark von der Komplexität der Unternehmensstruktur, der Ausprägung der zugrunde liegenden IT und nicht zuletzt von der Unternehmenskultur ab. Eine separate, mit der übergreifenden Corporate Governance synchronisierte IT-Governance bedeutet aber in der Regel mehr Transparenz, da den Spezifika der IT durch Ableiten entsprechender Regeln aus der Corporate Governance Rechnung getragen wird. Alleine dadurch wird der Dialog zwischen Business und IT durch weniger Missverständnisse geprägt sein. Die Erwartungshaltungen auf beiden Seiten können durch die Versachlichung abgeglichen werden.

Die Einflussfaktoren für eine IT-Governance sind vielfältig und können am besten mithilfe eines Bezugsrahmens verstanden werden, der die Einbindung der IT-Governance im Kontext abbildet. Ein recht umfassender Überblick wird durch den von Rüter et al. entwickelten Bezugsrahmen gegeben (siehe Abbildung 9.1).

Durch vorgegebene Rahmenbedingungen wie eine IT-Governance lassen sich organisatorische Ursachen für Defizite im BI-Umfeld wie unscharfe, verteilte Budgetverantwortung, fehlende oder unklare Mandate, eingeschränkte Handlungsoptionen des CIO, unklare IT-Ownerschaft etc. von vornherein ausräumen. Beispielsweise wird sich die Frage nach der Versorgung des Managements mit entscheidungsrelevanter Information nach Implementierung einer aussagefähigen IT-Governance eindeutig beantworten lassen.

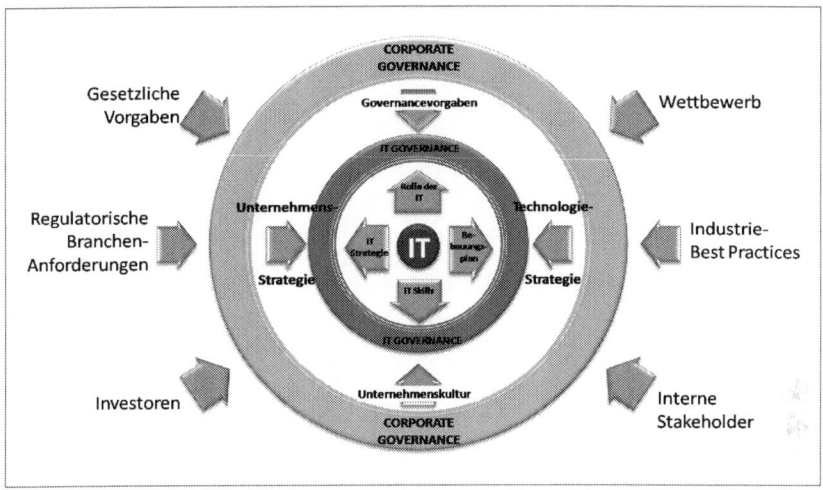

Abb. 9.1:   IT-Governance Bezugsrahmen
Quelle: Rüter, Schröder, Göldner: IT-Governance in der Praxis,
Springer-Verlag Berlin Heidelberg, 2006

9.2   Business Intelligence Competence Center

Alle Maßnahmen zum Aufbau von Business Intelligence sollten in einer eigens zu diesem Zweck geschaffenen Organisationseinheit koordiniert werden. Diese Empfehlung wird schon seit einigen Jahren z.B. von Gartner ausgesprochen und ist insofern nicht neu. Umso erstaunlicher ist jedoch, wie viele Unternehmen solche Erkenntnisse konsequent ungenutzt lassen. Die komplexen Zusammenhänge zwischen Prozessen, Systemen, Daten, Strategie, Unternehmenskultur und diversen »politischen« Aspekten können jedoch nur aus einer vom Topmanagement mandatierten Stabsstelle gebündelt und in umsetzbare Teilthemen untergliedert werden. Im Idealszenario existiert ein Business Intelligence Competence Center (BICC) als Stabsstelle am CEO, alternativ am CFO oder CIO mit folgendem Angebot:

- Services für die Fachabteilungen wie
  - Anforderungsanalysen
  - Beratung
  - Berichtswesen
  - System- und Prozessoptimierung
- Fachliche und technologische Entwicklung der Systeme (Fach- und IT-Ownerschaft)
- Betrieb der technologischen Infrastruktur durch Steuerung eines verantwortlichen IT-Dienstleisters
  - Aufbau, Installation und Basiskonfiguration der Datenbanksysteme
  - HW-Betrieb

Vorteile des Idealszenarios:

- Das BICC baut ein ganzheitliches, übergreifendes Know-how auf.
- Das BICC entwickelt die Fähigkeit, kurzfristig sehr flexibel auf veränderte oder neue Anforderungen reagieren zu können.
- Darüber hinaus wird durch entsprechende gesammelte Erfahrungswerte und umfangreiche Kompetenz sichergestellt, dass BI-Lösungen schnell hohen Nutzen bringen.

In den folgenden Unterkapiteln werden die wichtigsten Aufgaben eines BICC dargestellt.

9.2.1 Data Warehouse und Single Point of Truth

Eine der wichtigsten strategischen Aufgaben der Business Intelligence überhaupt ist die Herstellung eines konsolidierten Datenbestandes in einem Enterprise Data Warehouse (EDWH), aus dem das *gesamte* Berichtswesen eines Unternehmens mit Daten beliefert wird (vgl. Abschnitt 6.6). Dort sind die wesentlichen Aspekte des EDWH in Zusammenhang mit den grundlegenden Ansätzen zum Aufbau von Business Intelligence beschrieben, sodass wir hier diese wichtige Aufgabe des BICC nur der Vollständigkeit halber aufführen.

Um Missverständnissen vorzubeugen, sei an dieser Stelle noch einmal darauf hingewiesen, dass diese Zentralisierung nicht zwingend *eine* physische Datenbank bedeuten muss, sondern durchaus einen Verbund von Datenbanken und/oder Data Warehouses bedeuten kann, die nach unternehmensspezifischen Kriterien in Cluster aufgeteilt werden.

9.2.2 Switch off Bypass-Reportings

Die Abschaltung *aller* Bypass-Reportings ist in der Forderung nach einem EDWH implizit enthalten. In der Praxis wird man jedoch oft den Weg einer sukzessiven Migration von »Satelliten«-Systemen in das EDWH gehen müssen, weil ein »Big Bang« wegen zu hoher Komplexität und möglicher negativer Auswirkung auf das operative Business nicht durchführbar ist. In jedem Fall sollte diese Aufgabe des BICC als parallele Aktivität zum Aufbau des EDWH betrachtet werden. In den meisten Fällen ist es sinnvoll, die Ablösung einzelner Bypasses in Teilprojekten zu kapseln und die Systeme nach und nach abzuschalten, bis das zentrale DWH tatsächlich alle Aufgaben eines EDWH erfüllen kann. Darüber hinaus kann u.U. ein einzelnes System schon im Zuge der initialen Implementierung der EDWH migriert werden, wenn dies aufgrund hoher Übereinstimmung der Datenmodelle sinnvoll erscheint.

Die Abschaltung aller Bypass-Reportings *muss* ein strategisches Ziel eines BICC sein, weil sonst zentrale Ziele der BI nicht realisiert werden können:

- kein EDWH, solange noch Bypasses laufen

- keine Reporting-Sicherheit

- keine Prozessoptimierung

- keine Verbesserung der Datenqualität

- keine Kostensenkung

- keine Ergebnisverbesserung

- kein Beitrag zu einem aktiven Corporate Performance Management.

Bezüglich der detaillierten Schilderung der negativen Auswirkungen von Bypass-Reportings verweisen wir auf Kapitel 5, das wir wegen der großen Bedeutung der Bypass-Reportings für Business Intelligence ausschließlich diesem Thema gewidmet haben.

9.2.3 Strategy Synchronisation

Es wurde schon erwähnt, dass alle Aktivitäten der BI und damit des BICC in seiner Rolle als koordinierender Organisationseinheit aus der Unternehmensstrategie über eine allgemeine IT-Strategie in eine BI-Strategie abgeleitet werden sollten, um sicherzustellen, dass BI im Sinne der unternehmerischen Zielsetzung auch tatsächlich den gewünschten Mehrwert entlang der Zielsetzungen des Unternehmens liefert. Dazu muss ein ständiger Abgleich der Zielsetzungen auf den verschiedenen Ebenen stattfinden, um innerhalb des BICC laufend synchron zu den Unternehmenszielen zu arbeiten. BI-Verantwortliche müssen im Falle von Änderungen an den übergeordneten strategischen Zielen einbezogen werden, um den Anpassungsbedarf in ihrem Bereich frühzeitig identifizieren zu können.

Dieser Aspekt sollte nicht unterschätzt werden. Selbst eine perfekt aufgesetzte BI kann innerhalb kürzester Zeit ihren Mehrwert einbüßen, wenn die Unternehmensziele sich nicht mehr in ihr widerspiegeln, weil sich Unternehmens-, IT- und BI-Strategie unabhängig voneinander entwickelt haben. Im Idealfall ist die Synchronisation über alle Ebenen schon dadurch gegeben, dass das BICC als Stabsstelle am CEO verankert und routinemäßig in den entscheidenden Gremien des Unternehmens vertreten ist.

9.2.4 Stakeholder Management

Neben der Integration der Fachbereiche im Anforderungsmanagement, in dem die Vertreter aller Unternehmensbereiche regelmäßig zusammenkommen und auf Basis vorhandener Mandate Entscheidungen über Anforderungen an die BI treffen, sollte das BICC im eigenen Interesse enge Beziehungen zu allen Stakeholdern unterhalten. Ist im Unternehmen ein *Stakeholder Relationship Management* (SRM) vorhanden, sollten Vertreter des BICC hieran beteiligt werden.

Als Stakeholder eines BICC und der verschiedenen Projekte, die vom BICC koordiniert werden, können in diesem Zusammenhang analog zur Definition von SRM alle Personen und Personengruppen gesehen werden, die ein Interesse am BICC oder einem der BI-Projekte haben oder von diesen betroffen sind. Grundsätzlich kommen dafür alle Stakeholder in Frage, die Stakeholder des Unternehmens insgesamt sind. Diese werden unterschieden in interne Stakeholder wie Mitarbeiter, Manager und Eigentümer sowie externe Stakeholder wie Kunden, Lieferanten, Banken, aber auch gesellschaftliche Institutionen (Finanzamt) sowie Staat und Gesellschaft allgemein.

Alle diese Stakeholder haben gegenüber einem Unternehmen spezielle Erwartungshaltungen. Das Finanzamt erwartet z.B. die Vorlage einer einwandfreien Bilanz und die Einnahme von Steuern. Der Zusammenhang zur BI ist in diesem Fall offensichtlich, denn BI soll mit möglichst wenig manuellem Aufwand auch die Erstellung von Financial Reportings bis hin zum externen Rechnungswesen ermöglichen. Ein wichtiger und sehr anspruchsvoller Stakeholder ist aber auch der Staat als Gesetzgeber z.B. im Bereich Datenschutz. Da in Datenbanksystemen in der Regel auch Personendaten abgespeichert werden, ist praktisch jedes BI-Projekt datenschutzrechtlich relevant.

Das Stakeholder Management des BICC sollte – sofern vorhanden – mit dem SRM des Unternehmens koordiniert sein. Für den Fall, dass kein übergreifendes SRM vorhanden ist, würde sich in diesem Zusammenhang auch anbieten, die Synchronisation der BI-Aktivitäten mit den Anforderungen der Stakeholder durch direkte Anbindung des BICC an die Geschäftsleitung sicherzustellen. Abbildung 9.2 zeigt eine Zusammenstellung der wichtigsten Stakeholder im Wechselspiel mit dem Unternehmen:

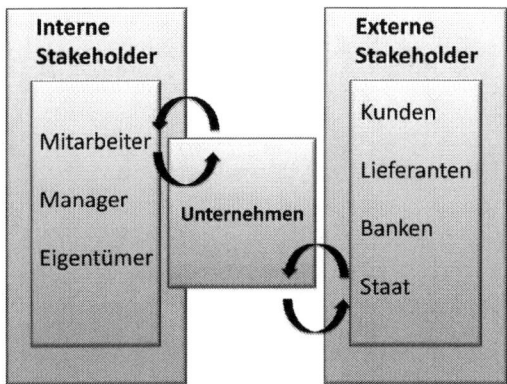

Abb. 9.2: Stakeholder des Unternehmens

9.2.5 Requirement Management

Die Integration der Fachbereiche im Unternehmen erfolgt in hohem Maße über das Management der Anforderungen an die BI. Ein Anforderungsmanagement-Management Board (AFM-Board) ist in jedem BICC eines der zentralen Gremien, in dem viele Entscheidungen getroffen werden, die über Erfolg oder Misserfolg einzelner BI-Teilprojekte oder der BI insgesamt entscheiden können. Hier werden *alle* Anforderungen

- aufgenommen
- bewertet
- priorisiert
- zur Implementierung freigegeben
- während der Implementierung überwacht
- abgenommen
- für den Wirkbetrieb freigegeben.

Erst wenn alle diese Arbeiten vom AFM-Board durchgeführt wurden, kann eine Anforderung geschlossen werden.

Mit Blick auf den Stellenwert von BI im Unternehmen und die Integration aller Bereiche in die BI ist für die Effizienz eines AFM-Boards besonders wichtig, dass in ihm *alle* Fach- und Querschnittsbereiche vertreten sind. Die oben beschriebenen Arbeiten können daher nur konsensual durchgeführt werden, sodass jeder Unternehmensbereich jederzeit darüber informiert ist, welche Themen durch BI gerade geplant, umgesetzt oder abgeschlossen werden. Diese Integration bedeutet natürlich auch, dass alle Beteiligten für die erfolgreiche Umsetzung der Anforderungen mitverantwortlich sind. Es ist eben gerade *keine* reine IT-Aufgabe, BI-Anforderungen umzusetzen, sondern eine Aufgabe des ganzen Unternehmens. In keinem anderen Gremium zeigt sich diese Tatsache so deutlich wie im AFM-Board des BICC.

Schauen wir uns das anhand eines Beispiels an: Vom Vertrieb wird die Berechnung eines KPI angefordert, der die Durchlaufzeit bestimmter Bestellprozesse bis zur Lieferung an den Kunden auf Mitarbeiterebene misst.

Zunächst wird übereinstimmend festgestellt, dass diese Anforderung neben der Machbarkeitsanalyse sowohl vom Datenschutzbeauftragten als auch vom Sozialpartner bewertet werden muss. Der Datenschutz ist involviert, weil die Mitarbeiter, deren Arbeit hier »gemessen« wird, auch natürliche Personen im Sinne des Datenschutzgesetzes sind. Der Sozialpartner ist involviert, weil durch solche Auswertungen eventuell personenbezogene Verhaltenskontrollen ermöglicht werden, denen Betriebsräte in der Regel nachdrücklich widersprechen werden.

Im nächsten Schritt wird bei einer ersten Anforderungsanalyse festgestellt, dass die Rohdaten, die für die Berechnung des angeforderten KPI in seiner speziellen Form benötigt werden, nicht im EDWH vorliegen. Bei noch genauerer Betrachtung stellt sich heraus, dass diese Daten auch nicht in den operativen Systemen erzeugt werden, weil dieser spezielle Bestellprozess die Erzeugung der für die Berechnung des KPI benötigten Daten gar nicht vorsieht.

Fazit: Um den KPI berechnen zu können, muss bzw. müssen

- der operative Prozess angepasst werden,
- alle am operativen Prozess beteiligten Systeme überprüft und gegebenenfalls angepasst werden,

- der ETL-Prozess in das EDWH angepasst werden,

- die Zustimmung des Betriebsrates eingeholt werden,

- die Zustimmung des Datenschutzbeauftragten eingeholt werden.

Alle genannten Tätigkeiten müssen abgeschlossen sein, bevor mit einer technischen Spezifikation und Implementierung im EDWH überhaupt begonnen werden kann.

Solche anspruchsvollen Abstimmungsaufgaben werden heute in vielen Fällen immer wieder mit der Aufforderung an die IT übergeben, baldmöglichst die erfolgreiche Umsetzung und die Bereitstellung zur Abnahme zurückzumelden. Aufgrund der inhaltlichen Vielfalt der Vorarbeiten kann aber nicht von der IT erwartet werden, alle diese Arbeiten in Alleinverantwortung durchzuführen. Oftmals gelingt es auch mit Unterstützung der Fachseiten nicht, die einzelnen Interessenvertreter an einen Tisch zu holen. Solange diese Erwartungshaltung an die IT besteht, wird man sich in einem ewigen Kreislauf aus falscher Erwartung der Fachbereiche, Undurchführbarkeit der Anforderung in alleiniger IT-Verantwortung, mangelnder Akzeptanz der IT durch die Fachbereiche usw. bewegen.

Die Koordination komplexer Anforderungsszenarien – und in der BI behandeln wir fast ausschließlich komplexe Anforderungen – *kann* nur aus einem BICC heraus erfolgen, in dem alle Unternehmensbereiche vertreten sind und gemeinsam aktiv daran arbeiten, eine von allen priorisierte Anforderung umzusetzen.

9.2.6 Change Management

Wenn ein Unternehmen sich entschließt, Business Intelligence mit allen dazugehörenden Rahmenbedingungen einzuführen, so löst dies nach aller Erfahrung Widerstände, eventuell sogar Unruhe bis hin zu der Befürchtung einzelner Mitarbeiter aus, ihr Arbeitsplatz sei durch dieses Projekt oder einzelne darin enthaltene Maßnahmen gefährdet. Eine Optimierung von Prozessen und Technologien wird schnell mit der Erschließung von Rationalisierungspotenzial in Verbindung gebracht. Einer Studie zufolge (o. V., »Deutsche Vertriebsmitarbeiter haben ein gespaltenes Verhältnis zu Business Intelligence«, Computerwoche, 2007) sehen 30 % der deutschen Vertriebsmitarbeiter in BI-Analysen ein unerwünschtes Mittel zur Leistungskontrolle.

Die Energien, die bei Fragestellungen dieser Art unter Umständen freigesetzt werden, müssen im Rahmen des Change Managements des BICC zielführend kanalisiert werden. So verständlich die Befürchtungen einzelner Personen auch sein mögen, so wenig gerechtfertigt sind sie in direktem Zusammenhang mit BI-Projekten. Nach der reinen Lehre wird ein BI-Projekt kein Rationalisierungspotenzial liefern, sondern ein *Optimierungs*potenzial. Das bedeutet, dass Mitarbeiter die Bereitschaft mitbringen sollten, innerhalb sich verändernder Strukturen neue Aufgaben wahrzunehmen, die nach erfolgreicher Einführung von BI einen direkteren Zusammenhang zwischen der Erreichung von Unternehmenszielen und dem persönlichen Erfolg mit sich bringen werden (vgl. Kapitel 11).

Das Change Management eines BICC sollte sich sehr eng mit dem Personalbereich (HR) abstimmen, der in diesen Fragen die ausreichende Erfahrung mitbringt. Im Idealfall arbeitet zumindest in der Projektphase jemand aus dem Personalbereich im BICC mit.

9.2.7 Big Picture Management

Eine Hauptaufgabe von DWH und BI-Projekten, die in engem Zusammenhang mit den zentralen Aspekten »EDWH als Single Point of Truth«, dem Abbau von »Bypass-Reportings« und der Konsolidierung und Harmonisierung von Daten über alle operativen und dispositiven Systeme (Master Data Management) steht, ist die Schaffung und Aufrechterhaltung eines Überblicks über die reale Gesamtarchitektur der vorhandenen IT-Systeme eines Unternehmens. In den meisten Fällen ist diese Architektur historisch gewachsen, und es finden sich in ihr verschiedenste technische Plattformen, Betriebssysteme, Datenmodelle usw.

Will man z.B. im Rahmen des Master Data Managements alle Kunden-, Produkt- oder Lieferantenstammdaten konsolidieren, die verteilt über alle Systeme heterogen existieren, so ist es unerlässlich, wirklich *alle* Systeme zu kennen. Gleichzeitig müssen *alle* Schnittstellen zwischen *allen* Systemen bekannt sein, um beurteilen zu können, an welche operativen Systeme später von einem Stammdatenserver Daten in welcher Form verteilt werden müssen. Dasselbe gilt für die Verteilung von Stammdaten an dispositive Systeme. Es muss bekannt sein, in welcher Form Stammdaten für Reportings aufbereitet, harmonisiert, konsolidiert und weitergegeben werden. Erst wenn alle diese Informationen verfügbar sind, kann sinnvoll mit dem Aufbau eines Master Data Managements begonnen werden.

Die Dokumentation der gesamten IT eines Unternehmens ist in der Praxis oft unvollständig. Es gibt dann keine Stelle im Unternehmen, die einen wie oben geschilderten Überblick über alle Systeme, die Art der in ihnen enthalten Daten und die Schnittstellen zwischen allen Systemen hat. Ein solches »Big Picture« ist in diesen Fällen zunächst vom BI-Projekt herzustellen.

Nach der initialen Erstellung des Big Pictures ist dessen Pflege eine permanente Aufgabe des BICC. Gerade im Zusammenhang mit dem Anforderungsmanagement werden die Vorteile schnell deutlich, denn zu jeder Anforderung können sofort die relevanten Systeme und eventuelle Auswirkungen auf das Zusammenspiel der gesamten IT ermittelt werden. In Verbindung mit den Meta Data Services der Datenbanksysteme (vgl. Abschnitte 3.8, 8.1.6, 8.1.14 und 9.2.8) ist durch das Big Picture eine ständige Gesamtdokumentation der BI verfügbar, die eine schnelle Analyse von Anforderungen hinsichtlich der betroffenen Systeme und des Implementierungsaufwandes bis hin zu ersten monetären Schätzungen des Gesamtaufwands für die Umsetzung bis zum Wirkbetrieb zulässt.

Damit ist das Big Picture Management zusammen mit den Meta Data Services eine der entscheidenden Komponenten des BICC für die schnelle und kostengünstige Umsetzung von Anforderungen. Im Idealfall ist eine konkret benannte Person im BICC für die permanente Aktualisierung des Big Pictures verantwortlich. Je nach Komplexitätsgrad kann hierbei auf entsprechende Planungskomponenten von Tools für strategisches IT-Management zurückgegriffen werden. Diese auch EAM-Tools (Enterprise Architecture Management) genannten Werkzeuge sammeln vereinfacht ausgedrückt möglichst

viele Informationen, die beispielsweise aus Modellierungswerkzeu-
gen wie Aris, System-Management-Tools oder Projektplanungs- und
Business Intelligence-Applikationen stammen. Eine Herausforderung
besteht darin, die in völlig unterschiedlicher Ausprägung vorliegen-
den Daten so zu vereinheitlichen, dass sie sich gemeinsam darstellen
und in Beziehung zueinander setzen lassen.

9.2.8 Meta Data Services und Documentation

Meta Data Services (MDS) liefern ständig aktuelle Informationen über
den Entwicklungsstand der Datenbanksysteme. State-of-the-Art-Tools
sind in der Lage, die benötigten Informationen direkt aus den Datenbanken zu beziehen. Die so ermittelten Informationen können im
Tool ergänzt werden, z.b. um fachliche Aussagen zur Bedeutung und
Verwendung von Datenbanktabellen und -feldern.

Liegt eine Anforderung als technische Spezifikation vor, so kann z.b.
der Anpassungsbedarf im Reporting ermittelt werden, der durch eine
notwendige Änderung am logischen Datenmodell ausgelöst wird,
indem automatisiert alle durch diese Änderung betroffenen Prozessketten, Scripts und Reports identifiziert werden. Darüber hinaus können in den Tools auf logischer Ebene Modellierungen vorgenommen
und in das physische Datenmodell übernommen werden.

Das Zusammenwirken von Meta Data Services und Big Picture
Management ermöglicht zu jedem Zeitpunkt eine schnelle Analyse
von Anforderungen hinsichtlich des Anpassungsbedarfs an allen von
einer Anforderung betroffenen Systemen und bildet damit die Basis
für kurze Umsetzungszeiten und frühzeitig erstellbare Aufwandsab-
schätzungen.

9.2.9 Master Data Management

Das Thema Master Data Management (MDM) ist wegen seiner her-
ausragenden Bedeutung für die Datenqualität aller Reportings und
BI-Applikationen eines der wichtigsten Themen im Rahmen von Business Intelligence überhaupt. Selbst wenn alle anderen Aufgaben der
BI perfekt umgesetzt wären, kann BI keine hochwertigen Ergebnisse

liefern, solange die Stammdaten eine schlechte Qualität aufweisen. Wie das Requirement Management muss das MDM in enger Abstimmung mit den Fachbereichen durchgeführt werden, weil Anforderungen an die BI eventuell erst nach einer Prozess- und/oder Datenoptimierung in vorgelagerten Prozessen und Systemen umgesetzt werden können. Solche komplexen Eingriffe in gegebene Unternehmensstrukturen sind jedoch nur in Abstimmung und Konsens mit allen betroffenen Fachbereichen, System- und Datenownern möglich (vgl. dazu auch die Abschnitte 3.7, 8.1.11, 8.1.14, 8.2 und 8.3).

9.2.10 Frontend-Integration

Ein Ziel vieler BI-Projekte ist die Erhöhung der Flexibilität der Anwender bei der Nutzung von vorgefertigten Berichten und der Erstellung eigener Auswertungen auf Basis eines konsolidierten Datenbestandes (EDWH/SPOT, vgl. Abschnitt 6.6). Diese Flexibilität wird durch den Einsatz eines auf die speziellen Belange des Unternehmens zugeschnittenen Frontend-Tools (BI-Tool) erreicht.

Für IT-Abteilungen ist dieser Aspekt von großer Bedeutung, weil dadurch die Akzeptanz der BI durch die Fachbereiche in hohem Maße beeinflusst wird. Je zufriedener die Anwender bei ihrer täglichen, individuell geprägten Nutzung von BI-Lösungen sind, desto höher ist in der Regel die Bereitschaft von Fachbereichen, die IT bei der Umsetzung von Themen zu unterstützen und Budgets und andere Ressourcen bereitzustellen.

Die Integration des Frontends in alle Aktivitäten der BI ist damit auch für den Erfolg der BI insgesamt von Bedeutung. Durch eine gelungene Frontend-Einführung können eventuell vorhandene Widerstände in Fachbereichen aufgelöst und die konstruktive Zusammenarbeit von Business und IT gestärkt werden. Durch die Zulieferung operativer Benefits an die Anwender der Fachbereiche und das damit ausgelöste verstärkte Interesse an IT und BI kann eine Eigendynamik in Gang gebracht werden, die sich sehr positiv auf das gesamte Business auswirkt. Ein effizientes Frontend-Tool ist damit ein wichtiger Erfolgsfaktor der BI (vgl. die Abschnitte 8.1.5 und 8.1.22).

9.2.11 Power-User-Konzept

Die Einführung eines Frontend-Tools sollte mit dem Aufbau eines Power-User-Konzeptes einhergehen, mit dessen Hilfe die Flexibilität der Anwender weiter erhöht und die IT-Ressourcen entlastet werden. Ein typisches Power-User-Konzept sieht vor, dass einzeln benannte Mitarbeiter in allen Fachbereichen durch die IT und/oder externe Dienstleister in bestimmten Fragen der BI mit Know-how ausgestattet werden, das ihnen erlaubt, innerhalb ihrer jeweiligen Fachabteilung beratend zu arbeiten. Power-User agieren dabei als Schnittstelle zwischen Fachabteilung und IT. Eventuell ist es im Einzelfall sinnvoll, diese Power-User als Fachabteilungsvertreter im Anforderungsmanagement des BICC zu platzieren.

Die wesentlichen Aufgaben von Power-Usern sind:

- Schnittstelle zwischen Fachabteilung und IT
- Technischer Support der Fachabteilung
- Beratungsfunktion innerhalb der Fachabteilung
- Einrichtung und Verwaltung von internen Nutzergruppen der Fachabteilung
- Verteilung von Know-how innerhalb der Fachabteilung (»Multiplikator«-Funktion)
- Prototyping von späteren Anforderungen
- eventuell Vertretung der Fachabteilung im Anforderungsmanagement des BICC.

Dieses Thema sollte aus Sicht der BI nicht unterschätzt werden, weil es sehr großen Einfluss auf die Akzeptanz von Business Intelligence im Unternehmen hat.

9.2.12 Communication und Marketing

Ein Projekt sollte über eine eigene Kommunikationsstruktur verfügen, die durch klare Regeln definiert, wer wann was in welcher Form an wen berichtet. Üblicherweise haben größere Projekte – und ein BI-Projekt ist per Definition ein größeres Projekt – ein Project-Office, in dem alle diese Aktivitäten inklusive umfassender Dokumentation des Projekt-geschehens zusammenlaufen. Insbesondere in »politisch« sensiblen Situationen sollten alle Entscheidungen und die ihnen zugrunde liegenden Diskussionen später nachvollzogen werden können, um bei Unstimmigkeiten nach dem Wirkbetriebsübergang das Zustandekommen eines bestimmten Ergebnisses begründen zu können.

Dies ist einer der am meisten unterschätzten, aber oft wichtigsten Aspekte eines Projektes überhaupt. »Stellen Sie sich vor, Ihr Projekt leistet die bestmögliche Arbeit – und keiner merkt es.« Das ist kein Scherz. In Unternehmen herrscht heute permanente Konkurrenz verschiedenster Interessengruppen und fachlicher Ziele um Budgets und andere Ressourcen. Ein Projekt, das sich nicht intern vermarktet, wird eines Tages in Frage gestellt werden – ob zu Recht oder Unrecht. Klappern gehört auch in der BI zum Handwerk.

In größeren Unternehmen haben Top-Projekte eventuell sogar neben dem Project-Office eine Vollzeitkraft, die sich ausschließlich mit projekt-externer Kommunikation und der Pflege von Content-Management-Systemen z.B. für den projekteigenen Intranetauftritt beschäftigt. Je besser das Projekt intern angesehen ist, umso leichter sind bestimmte Hürden zu nehmen, die sich im Negativfall sonst schnell zu »Show-Stoppern« entwickeln könnten. Beauftragen Sie im eigenen Interesse in BI-Projekten eine für Kommunikationsthemen sehr gut geeignete Ressource – das wird sich immer auszahlen.

Bei diesen Themen handelt es sich um nicht BI-spezifische generelle Anforderungen an das Projektmanagement, die aber in BI-Projekten immer im BICC angesiedelt werden sollte.

9.2.13 Roll-Out-Management

Dokumentation und Marketing des Projektes sollten spätestens ab der Implementierungsphase Input in ein dediziertes Roll-Out-Management geben, das sich frühzeitig mit dem Übergang der Projektphase in den Wirkbetrieb beschäftigt und insbesondere die diesbezügliche Kommunikation in alle Bereiche des Unternehmens gestaltet. In größeren Projekten ist es beispielsweise oft gar nicht möglich, alle Funktionalitäten zeitgleich für alle beteiligten Bereiche in Betrieb zu nehmen, sondern es muss ein sorgfältig abgestimmter Ablaufplan über sukzessive Freischaltung von Modulen und Funktionalitäten abgearbeitet werden. Ein solcher Plan muss unbedingt mit den beteiligten Fach- und Querschnittsbereichen abgestimmt sein, damit hier keine Unklarheiten entstehen – eine Aufgabe des Projektmanagements, die unbedingt im BICC platziert werden sollte!

9.2.14 Training

Im Rahmen des Roll-Out-Managements kann/sollte die gesamte Schulungsplanung durchgeführt werden, die natürlich mit der Roll-Out-Planung synchronisiert sein muss. Alle Mitarbeiter müssen rechtzeitig vor Start eines bestimmten Teilbereiches des Systems geschult sein, um nach Freischaltung direkt mit dem System arbeiten zu können.

Diese Planung kann sehr komplex sein, sollte auf keinen Fall unterschätzt und in enger Abstimmung mit den betroffenen Bereichen erstellt werden. Eine Aufgabe des Projektmanagements, die unbedingt im BICC platziert werden sollte.

9.3 Struktur und Aufgaben des BICC

9.3.1 Integrationsfunktion des BICC

Sind alle Grundsatzentscheidungen für den Aufbau von Business Intelligence getroffen worden und geht das Vorhaben in die Planung der konkreten Projekte über, so sollten in den Einzelprojekten selbst einige wichtige Aspekte beachtet werden, auf die zwar teilweise schon eingegangen wurde, die aber der Übersichtlichkeit halber hier noch einmal zusammengefasst werden sollen. Dabei verzichten wir auf die bekannten grundsätzlichen Aspekte des Projektmanagements.

9.3.2 BI-Domänenmodell

Für eine erfolgreiche Umsetzung von BI gerade in größeren Unternehmen mit komplexen Prozessen und IT-Architekturen hat es sich als sinnvoll erwiesen, ein BICC organisatorisch entlang fachlicher Domänen aufzustellen. Damit verbunden ist die Einführung fester Ansprechpartner für z.B.

- Sales

- Controlling (FC)

- Marketing/Kampagnenmanagement,

die alle Anfragen aus diesen Fachbereichen innerhalb des BICC kanalisieren.

Die Fachbereiche übernehmen innerhalb des Domänenmodells eine *Master*-Rolle bezüglich der in ihrem Bereich generierten und in die BI zu integrierenden Daten. Damit sind sie einerseits verantwortlich für den von ihnen repräsentierten Datenbestand, profitieren aber andererseits von der Verantwortungsübernahme der anderen Fachbereiche und der Konsolidierung aller gemeinsamen Aktivitäten unter dem Dach des BICC.

Auch bei einer möglicherweise anstehenden Konsolidierung von BI-Systemen bietet es sich an, dies unter der Ägide des BICC und der Nutzung des Domänenmodells durchzuführen (vgl. Abschnitt 8.1.10).

Das Domänenmodell der Zielarchitektur gibt hierbei vor, welche Daten einer bestimmten Domäne (z.B. »Finance«) auf welchem datenhaltenden System in der Zielarchitektur (z.B. »DWH Finance«) zur Verfügung gestellt werden.

Im Endausbau der Zielarchitektur dürfen dann Reports und Kennzahlen zu bestimmten Themengebieten (Domänen) nur aus fachlich wohldefinierten Rohdatenbeständen heraus generiert werden. Erklärtes Ziel hierbei ist es, durch Festlegung von fachlichen Ausprägungen Systeme inhaltlich voneinander abzugrenzen.

Hinweis

Bei der Einführung von fachlichen Domänen sollte das Datenmaster-Prinzip beachtet werden:

Für jede fachliche Domäne wird ein physisches dispositives System als Datenmaster definiert. Dort liegen alle der Domäne fachlich zugeordneten Daten in der feinsten Granularität für die Verwendung im Reporting vor.

9.3.3 Data Stewards

Um ihrer Verantwortung innerhalb des Domänenmodells gerecht werden zu können, empfiehlt sich die Benennung von Data Stewards der Fachbereiche, die in enger Zusammenarbeit mit ihren Ansprechpartnern im BICC Verantwortung für die Prozess- und Datenqualität der in den jeweiligen Fachbereichen betriebenen operativen Systeme mit Blick auf deren Nutzung in der BI übernehmen. Die Einführung solcher Data Stewards ist ein wichtiger Schritt in Richtung Integration von Business und IT und steht in direktem Zusammenhang mit dem Master Data Management (MDM) des BICC. Die Data Stewards spiegeln in ihrer besonderen Rolle die Tatsache wider, dass Datenqualität sowie BI insgesamt ein Thema ist, das nur durch unternehmensweite Kooperation zu befriedigenden Lösungen geführt werden kann (vgl. Abschnitt 3.11.5).

9.3.4 BI-Steuerungskreis

Zur operativen Steuerung und Sicherstellung der unternehmensweiten BI-Strategie kann es sinnvoll sein, einen BI-Steuerungskreis als operative Einheit des BICC zu etablieren.

Zu den wesentlichen Aufgaben eines BI-Steuerungskreises gehören:

- Spiegelung von BI-Vorhaben an der unternehmensweiten BI-Strategie
- Definition des zulässigen Lösungsraums für BI-Vorhaben:
  - Festlegung der Frontend-Tools auf Basis des vorhandenen Unternehmensportfolios
  - Ermittlung der DWH-Zielarchitektur
  - Festlegung/Ermittlung von ergänzenden Anforderungen

Zu den vorrangigen Rahmenbedingungen für die Arbeit des BI-Steuerungskreises zählen:

- Vollständige Einbettung in das übergreifende IT-Anforderungsmanagement/AFM-Board

- Dokumentation entsprechender Regelung in der IT-Governance

- Schnelle Reaktionszeiten durch Fokussierung auf die skizzierten Aufgaben

- Einbindung des BI-Steuerungskreises im Rahmen des IT-Anforderungsprozesses muss für sämtliche BI relevante Vorhaben verpflichtend sein.

Die Teilnehmer sollten sich zusammensetzen aus

- den ICT-Objektverantwortlichen,

- dem Verantwortlichen des BICC (Lead),

- dem Verantwortlichen der IT-Architektur sowie

- einem Vertreter des Anforderungsmanagements.

Eine Einbindung der Stakeholder ist nicht empfehlenswert, da in diesem Kreis keine Inhalte von Anforderungen, sondern deren architektonische Umsetzung im Kontext der vorhandenen IT-Architektur im Unternehmen und deren strategischer Ausrichtung bewertet werden soll. Nur eine von den Einzelinteressen der Fachbereiche losgelöste objektivierte Betrachtung der architektonischen Umsetzung kann letztlich für die Einhaltung der unternehmensweiten BI-Strategie sorgen.

9.3.5 Fachbereiche

Die Integration der Fachbereiche ist für den Erfolg von BI-Vorhaben ein absolutes »Muss«. Informieren Sie alle Fachbereiche über die geplanten Vorhaben und deren mittel- und langfristigen Ziele. Integrieren Sie die Fachbereiche in die Projekte und Gremien des BICC. Ohne die Beteiligung der Fachbereiche wird jedes BI-Projekt scheitern, weil aufgrund mangelnder Einflussnahme der Fachbereiche eine fehlende Akzeptanz zu erwarten ist.

9.3.6 Querschnittsbereiche

Was für die Fachbereiche gilt, ist für die Querschnittsbereiche gleichermaßen richtig. Insbesondere die Information und Integration des Sozialpartners sowie der Verantwortlichen für den Datenschutz ist von großer Bedeutung für BI-Projekte, aber auch SOX-Beauftragte und der Personalbereich sollten bei größeren Abstimmungsrunden hinzugezogen werden. In einem BI-Projekt sind praktisch permanent Fragestellungen zu bearbeiten, die diese wichtigen Unternehmensbereiche betreffen können. Daher sollte man sich zu jedem Zeitpunkt darüber bewusst sein, dass Interventionen solcher Interessengruppen ein laufendes Projekt sofort zum Stillstand bringen können, wenn deren Belange nicht ausreichend berücksichtigt wurden (vgl. Abschnitt 3.2.2).

9.3.7 IT-Betrieb

Der spätere Betrieb von IT-Systemen wird in den Planungs- und Projektphasen oft vernachlässigt. Dieser Aspekt wird gerne als eine Selbstverständlichkeit angesehen, die sich quasi selbst definiert und erledigt. Diese Auffassung kann sich für ein BI-Projekt als verhängnisvoller Irrtum herausstellen. Auch der Betrieb des Systems mit

- allen technischen Komponenten,
- den Prozessen,
- Sicherheitskonzepten,
- der Berücksichtigung räumlicher Gegebenheiten,
- der Leistungsfähigkeit der gegebenen Leitungen im Netzwerk,
- den ausformulierten SLAs und KPIs für den Wirkbetrieb

müssen unbedingt frühzeitig berücksichtigt werden und stellen bei größeren Projekten einen komplexen Aufgabenbereich dar, durch den eine Vollzeitkraft durchaus ausgelastet sein kann. Dabei stellt auch die

Integration externer Lieferanten und Dienstleister eine große Herausforderung dar, die zusammen mit dem Betrieb genau geplant werden muss:

■ Wann kommt welcher Server wohin?

■ Was wird von wem darauf installiert?

■ In welchen Netzen ist der Server integriert?

■ Über welche Leitung ist der Server erreichbar (Performance!)?

■ Wer trägt für den Betrieb die Verantwortung?
  ▪ in der Entwicklungsphase
  ▪ im Wirkbetrieb

■ Sind zu diesem Zeitpunkt schon SLA-Verträge mit KPIs für den Betrieb unterschrieben?

■ Gibt es für das System schon ein Incident-Management?

■ Existieren eventuell schon andere Verträge, die das neue System betreffen?

■ Existieren getrennte Umgebungen für Entwicklung, Abnahme und Produktion?

Vgl. Abschnitt 3.2.2.

9.3.8 Steuerung der Lieferanten und Dienstleister

Halten Sie engsten Kontakt zu externen Lieferanten und Dienstleistern. Lassen Sie sich alle Termine schriftlich bestätigen und über alle Verzögerungen sofort informieren. Schließen Sie Verträge ab (oder lassen Sie sie vom Einkauf abschließen), die alle Fragen bis zu eventuellen Vertragstrafen im Detail regeln. Wenn Sie z.B. Ihr BI-Projekt perfekt organisiert haben, aber am Ende fehlt Ihnen der Server, auf dem die Datenbank laufen soll, weil in USA die Transportarbeiter streiken, dann wird niemandem im Unternehmen diese Begründung ausreichen, um Sie aus der Verantwortung für den verspäteten Start des Systems zu entlassen.

Eine beispielhafte Organisation des BICC könnte wie folgt aussehen:

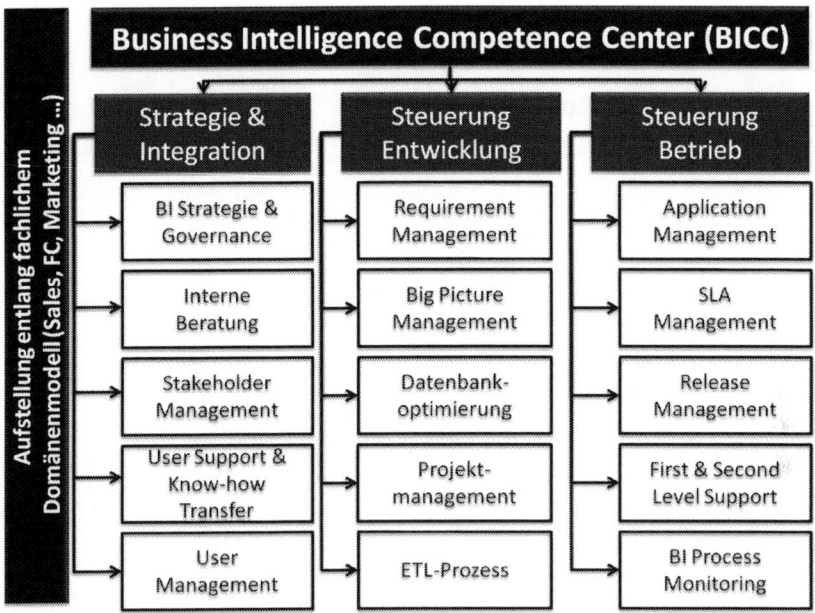

Abb. 9.3: BICC-Organisation – Ein Beispiel

Zusammenfassung zum BICC

Die strategischen Handlungsfelder des BICC, also Aufgaben, die nicht dem allgemeinen Projektmanagement zugeordnet werden können, werden *nur* in Kombination zum Erfolg führen. Ein Herauslösen einzelner Themen ist im Gegensatz zum modularen Aufbau auf Projektebene nicht zielführend.

■ Ein Enterprise Data Warehouse (EDWH) als Single Point of Truth (SPOT) macht keinen Sinn, wenn gleichzeitig Bypass-Reportings betrieben werden. Die Forderung nach einem EDWH impliziert immer die – eventuell sukzessive – Abschaltung aller Bypass-Reportings.

- Es macht auch keinen Sinn, ein EDWH aufzusetzen, in dem Daten in der gleichen schlechten Qualität verarbeitet werden, die zuvor der Grund für den Aufbau von Bypass-Reportings war. Also sollten zumindest die Anfänge eines unternehmensweiten Master Data Managements (MDM) spätestens parallel zum BI-Projekt starten (vgl. Kapitel 10).

- Die Verbesserung der Datenqualität durch Aufbau eines MDM ist Aufgabe des gesamten Unternehmens. Daher ist es wichtig, dass alle Bereiche in einer Organisation zusammenarbeiten, um die benötigten Kräfte zu bündeln. Hierzu eignet sich ein BICC mit eigenem Anforderungsmanagement, wie es schon lange von führenden Analysten der IT-Branche empfohlen wird.

- Im Anforderungsmanagement des BICC und beim Aufbau des MDM wird man immer wieder feststellen, dass zur Herstellung der benötigten Datenqualität Eingriffe in vorhandene Prozesse und Systeme auf operativer Ebene notwendig sind. Diese Eingriffe sind aber nur auf Basis einer umfassenden Dokumentation möglich, in der die Zusammenhänge innerhalb eines komplexen Gesamtsystems erkennbar sind: Meta Data Services und Big Picture Management.

- Die Informationen aus einem qualitativ gesicherten EDWH sollen dem Anwender den größtmöglichen Nutzen bieten. Zu diesem Zweck ist die Einführung eines Frontends erforderlich, das auf die speziellen Belange des Unternehmens und einzelner Nutzergruppen zugeschnitten ist.

- Ein Frontend wird erst dann optimal genutzt, wenn auf Basis eines Power-User-Konzeptes Know-how in die Fachabteilungen getragen und die IT von Routineaufgaben entlastet wird.

Um wirklich alle BI-relevanten Themen zu bündeln, sollten Stakeholder Management, Change Management, Big Picture Management, Communication, Documentation und Marketing sowie Roll-Out-Management und Training in ihren jeweiligen BI-spezifischen Ausprägungen ebenfalls im BICC verankert werden.

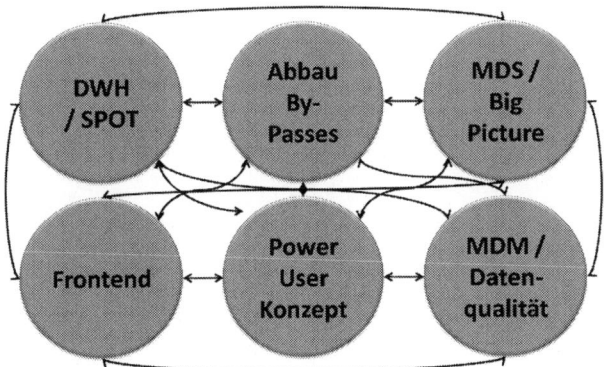

Abb. 9.4: Strategische BI-Themen – alles hängt mit allem zusammen

Wird eines der Themen nicht bearbeitet, verliert die Gesamtkonstruktion an Wert. Das heißt aber nicht, dass für jede Teilaufgabe der gleiche hohe Aufwand betrieben muss. Vielmehr sollte im konkreten Einzelfall eines Unternehmens für jedes Thema geprüft werden, bis zu welchem Grad eine Aufgabe eventuell schon bearbeitet wird bzw. in welcher Ausprägung die Bearbeitung im Rahmen des BICC erfolgen muss.

Entscheidend ist, dass wirklich alle Themengebiete bearbeitet und entsprechend der individuellen Unternehmenssituation mit Ressourcen ausgestattet werden. Das kann im Einzelfall auch bedeuten, dass z.B. das Stakeholder Management im Unternehmen schon ausreichend ausgeprägt ist, sodass ein Mindestmaß an Synchronisation des SRM mit dem BICC durch Benennung eines BICC-Vertreters im SRM ausreichend ist. Umgekehrt kann es sein, dass z.B. bei der Analyse der gegebenen Stammdatenverarbeitung festgestellt wird, dass ausschließlich verteilte, heterogene Daten vorliegen. In diesem Fall sollte ein dezidiertes MDM innerhalb des BICC aufgesetzt und mit Ressourcen und Mandat ausgestattet werden.

Zur zeitlichen Ausgestaltung aller wichtigen Aktivitäten im Rahmen eines Gesamtkonzeptes für Business Intelligence vgl. Kapitel 10.

Kapitel 10

Wege aus der BI-Falle

Dieses Kapitel behandelt folgende Inhalte:

- Quick Wins mit BI
- Parallelisierung von Aktivitäten der BI
- Business Benefits durch BI

10.1 Quick Wins als Erfolgsgaranten Ihrer BI-Initiative

Möglichen Quick Wins, die eine BI-Initiative erzeugen kann, kommt im Hinblick auf die Akzeptanz eines BI-Projektes und damit dessen Erfolgsaussichten sehr große Bedeutung zu. Wenn eine so komplexe Aufgabenstellung wie der Aufbau von Business Intelligence in Angriff genommen wird, werden in der Regel aus dem Unternehmen Bedenken vorgetragen, die die Initiative in Frage stellen. Die Gründe hierfür können ganz unterschiedlich und völlig legitim sein. Vermeintlichen Widersprüchen muss jedoch von Seiten der BI-Initiative mit erfolgversprechenden Konzepten begegnet werden (vgl. Kapitel 11).

Der mittel- bis langfristig anzulegende Aufbau von Business Intelligence und die Erzielung von Quick Wins stellen die beiden Pole eines Zielkonfliktes dar, dem wir aufgrund seines Gewichtes für den Erfolg einer BI-Initiative ein eigenes Kapitel widmen.

IT-Verantwortliche stehen vor der Herausforderung, mit BI Quick Wins zu liefern, die eigentlich nur unter der Voraussetzung einer schon vorhandenen, funktionierenden BI-Infrastruktur möglich sind. Gleichzeitig muss aber in vielen Fällen eine wirklich umfassende

Infrastruktur zunächst erst aufgebaut bzw. optimiert werden, weil in der Vergangenheit BI-Initiativen in erster Linie technologisch ausgerichtet waren und prozessuale, organisatorische und kulturelle Aspekte vernachlässigt wurden. Dadurch wird von den Fachbereichen in Bezug auf BI-Systeme nicht die Leistungsfähigkeit wahrgenommen, die aufgrund der in der Vergangenheit für deren Aufbau aufgewendeten Ressourcen zu erwarten wäre. Neuen Vorhaben von IT-Abteilungen wird daher mit Skepsis begegnet, was auch zu Budgetkürzungen führen kann, die wiederum diesen dringend benötigten Aufbau verhindern. Vor dem Hintergrund knapper Ressourcen und eines beschleunigten Business ist der Aufbau einer nachhaltig ausgerichteten, kostengünstigen und effizienten BI-Infrastruktur mit der Realisierung von Quick Wins kaum vereinbar (vgl. Kapitel 2 und Abschnitt 3.1).

Die einzige Möglichkeit, diesen Zielkonflikt aufzulösen, besteht in der konsequenten Parallelisierung von BI-Aktivitäten.

10.2 Parallelisierung von BI-Infrastrukturaufbau und Quick Wins

Die Beschreibungen zum Aufbau von Business Intelligence in den vorangegangenen Kapiteln sind unabhängig vom Zeitaspekt vorgenommen worden. Es wurde beschrieben, wie einzelne Maßnahmen inhaltlich aufgesetzt werden können, ohne die hierfür nötige Zeit zu betrachten. Der Faktor Zeit spielt jedoch in der Praxis eine entscheidende Rolle:

Hinweis

In der Praxis steht bis zur Erzeugung der ersten benötigten Quick Wins durch BI nicht genügend Zeit für den vollständigen Aufbau der BI-Infrastruktur und eines »perfekten Systems« zur Verfügung.

BI muss kurzfristig Nutzen erzeugen!

Je schneller ein BI-Projekt konkrete Problemstellungen eines Fachbereiches lösen kann, desto schneller gewinnt das Projekt an Akzeptanz und hat dadurch eine Chance, die Eigendynamik zu entwickeln, durch die auf Basis verstärkter Kooperation von Fachbereichen und IT der spätere Erfolg der Gesamtinitiative gesichert wird.

Es muss jedoch bei allen Bemühungen, die Fachbereiche bei der Erreichung kurzfristiger Business Benefits zu unterstützen, unbedingt vermieden werden, dass einem Quick Win die substanzielle Lösung eines BI-Kernthemas wie zum Beispiel der Steigerung der Datenqualität durch ein Master Data Management quasi »geopfert« wird. Genau diese Vorgehensweise hat in den vergangenen Jahren zu der heute in vielen Unternehmen gegebenen Ausgangssituation geführt, durch die die Defensive, in der sich IT-Verantwortliche heute befinden, erst möglich wurde und die den geforderten Nachweis einer IT-Rendite verhindert (vgl. Kapitel 2 und Abschnitt 3.1).

Beispiel (fiktiv):

In einem Unternehmen der Mobilfunkbranche sollen den Kunden per SMS Werbebotschaften direkt auf ihr Handy gesendet werden. Um diese Botschaften genau auf den individuellen Adressaten ausrichten zu können, müssen dessen Kundenstammdaten und Historie, seine Vertragsdaten, die verwendete Hardware und gebuchten Tarife sowie eine Reihe weiterer Informationen – natürlich unter Berücksichtigung aller relevanten Bestimmungen des Datenschutzgesetzes – ausgewertet werden. Eine Analyse hat ergeben, dass die Qualität der auszuwertenden Daten nicht ausreicht, um jedem einzelnen Kunden immer eine genau auf ihn zugeschnittene SMS schicken zu können. Würden unter diesen Voraussetzungen massenweise (Millionen) SMS an Kunden verschickt, bestünde die Gefahr eines erheblichen Imageverlustes für das Unternehmen, weil sehr viele der angeschriebenen Kunden die Werbebotschaft als völlig sinnlos wahrnehmen würden, da diese nicht zu den von ihnen eingekauften Leistungen und ihren sonstigen Rahmenbedingungen passen würden. In IT und Fachbereichen herrscht Einigkeit darüber, dass diese Problematik auf das

Fehlen eines umfassenden Master Data Managements zurückzu-
führen ist, das die benötigten Daten qualitativ gesichert vorhalten
müsste. Aufgrund dieser Auffassung erarbeiten IT und Fachbereiche gemeinsam eine Handlungsempfehlung für das Topmanagement, wonach der Aufbau eines Master Data Managements in
Angriff genommen werden sollte, um in Zukunft schneller und
qualitativ gesichert Maßnahmen von Vertrieb und Marketing
durchführen zu können. Der Aufbau des MDM soll so geplant werden, dass als erster Quick Win alle Voraussetzungen für den SMS-
Versand geschaffen werden. Die erwartete Verzögerung des SMS-
Versand durch den parallelen Aufbau der MDM-Infrastruktur wird
mit ca. sechs Monaten angegeben. Der langfristige Nutzen des Ini-
tialaufwandes für ein MDM wird von IT und Fachbereichen als
besonders hoch eingeschätzt.

Es wird entschieden, dass zur kurzfristigen Erreichung einer ausreichenden Datenqualität und einer schnellen Umsetzung des
SMS-Versand eine »Taskforce« eingerichtet wird, die einen eigenen
Stammdatenpool mit Prozessen für den SMS-Versand aufsetzen
soll. Eine nachhaltige Infrastruktur für das Master Data Management soll aus Kostengründen nicht aufgebaut werden.

Diese Entscheidung bedeutet, dass

- alle vorhandenen Probleme der Stammdatenqualität bestehen
  bleiben, die die Umsetzung von Maßnahmen des Business verhindern,

- zusätzlich ein neuer Datenpool mit Stammdaten inkl. neuer Prozesse entsteht, der inhaltlich von allen anderen Datenbeständen
  im Unternehmen abweicht, was zu weiteren Diskussionen und
  Reibungsverlusten führt (vgl. Kapitel 5),

- den vorhandenen Problemen neue hinzugefügt werden, die die
  Komplexität zukünftiger Maßnahmen weiter erhöhen und dazu
  beitragen, dass das Gesamtsystem seine »kritische Masse« erreicht, ab der es keinen substanziellen Nutzen mehr erbringen
  kann.

Darüber hinaus

- ignoriert die Entscheidung die Tatsache, dass auch die »Taskforce« einen sehr hohen Prozentsatz ihrer Ressourcen auf Tätigkeiten konzentrieren muss, die auch beim Aufbau eines langfristig ausgerichteten Master Data Managements durchgeführt werden müssten,

- führen die Arbeiten der Taskforce im Gegensatz zum MDM nur zu einem isolierten, kurzfristigen Nutzen,

- geht der Synergieeffekt durch Parallelisierung verloren.
  Der Business Case für das Projekt »SMS-Versand«, in dem die zu erwartenden Vertriebserfolge ohnehin nur geschätzt werden können, wird unter Berücksichtigung aller Einflussfaktoren negativ ausfallen.

An diesem Beispiel wird nochmals deutlich, dass eine BI-Initiative nur erfolgreich sein kann, wenn die Gesamtzusammenhänge offen diskutiert und alle Grundsatzentscheidungen vom Topmanagement mitgetragen werden.

Die Parallelisierung von Aktivitäten zur Erreichung von Quick Wins mit dem Aufbau einer nachhaltigen Infrastruktur als Bestandteil der Wertschöpfungskette muss als verbindliches Vorgehensmodell einer BI-Initiative mit allen Beteiligten vereinbart werden. Nur dann können über den gesamten Zeitraum des Projektes die gewünschten Effekte erzielt und kann von Beginn an ausgeschlossen werden, dass bei einzelnen Aktivitäten wiederholt Grundsatzdiskussionen geführt werden müssen, die das Projekt verzögern und seinen Erfolg gefährden.

Abbildung 10.1. zeigt beispielhaft die Parallelisierung von Aktivitäten zum Master Data Management (MDM) mit der Erzielung von Quick Wins innerhalb einer Phase des Aufbaus von Business Intelligence.

Als Ausgangssituation kann folgendes Szenario angenommen werden:

- Definierte Quick Wins müssen vom Business unbedingt bis zu einem konkreten Zeitpunkt erreicht werden.

- Die vorgelagerte Analyse der notwendigen Maßnahmen zum Aufbau des MDM hat ergeben, dass eine komplette Umsetzung vor

der Realisierung der Quick Wins deren zeitgerechte Erreichung
verhindern würde.

■ Pro Quick Win kann definiert werden, welche Mindestanforderun-
gen an ein MDM umgesetzt sein müssen, damit die Quick Wins
jeweils zum benötigten Zeitpunkt realisiert werden können.

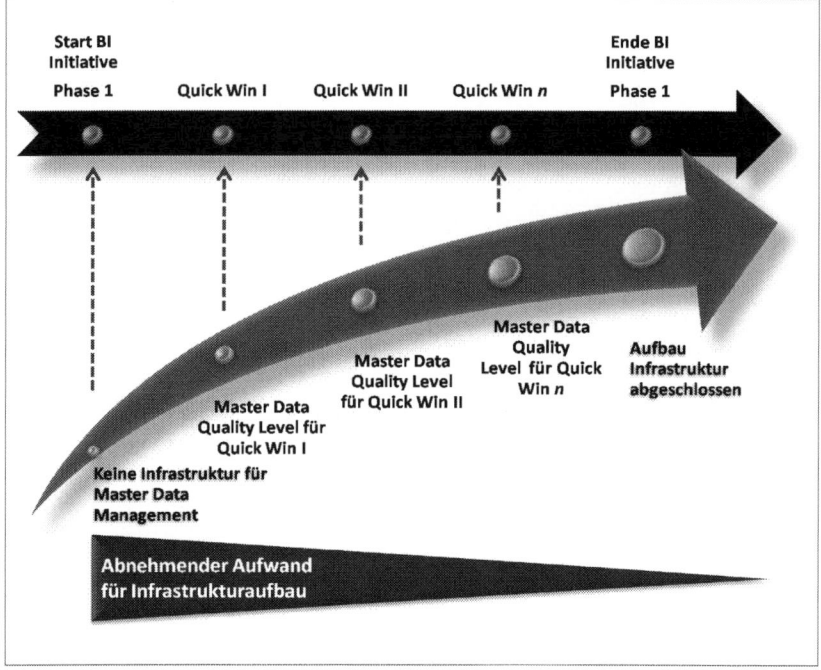

Abb. 10.1:   Parallelisierung von strategischem BI-Infrastrukturaufbau mit Quick
Wins

Dieses Szenario ist durchaus realistisch. Es ist in den meisten Fällen
nicht nötig, eine komplette MDM-Infrastruktur aufzubauen, bevor
durch diese Optimierung erste Business Benefits realisiert werden
können. Die Fachbereiche können sehr genau definieren, welche
Daten z.B. im »Master Data Quality Level Quick Win I« in Abbildung
10.1. als Teilmenge der theoretisch möglichen Gesamtmenge qualita-

tiv hochwertiger Stammdaten verfügbar sein müssen. Die IT hat das erforderliche Know-how für die benötigte IT-Infrastruktur. Durch die gemeinsamen Aktivitäten an so wichtigen Themen wie Master Data Management und Datenqualität und der Erzielung erster Quick Wins kann eine BI-Initiative die entscheidende Eigendynamik entwickeln, durch die Business und IT zusammenwachsen.

10.3 Business Benefits durch Business Intelligence

Business Intelligence ist kein Selbstzweck. Ihr Hauptziel ist die Generierung von Mehrwerten. Investitionen in BI müssen daher daraufhin geprüft werden, ob sie mehr Auftragseingang oder Umsatz, Kostensenkungen und letztlich eine verbesserte »Performance« des Unternehmens insgesamt bewirken.

BI-Initiativen müssen von Anfang an in allen Aspekten auf diese Ziele ausgerichtet werden. Die Mehrwerte, die Business Intelligence dann erzeugen kann, sind vielfältig. Zunächst kann BI die klassischen Reportings mit den wichtigsten Kennzahlen wie Auftragseingang, Umsatz und Ergebnis in rückblickenden Monats-, Wochen- und Tagesberichten über Kunden, Produkte und Vertriebsorganisationen liefern. Die Berichte zeigen dabei auf Basis eines Berechtigungskonzeptes auf jeder Ebene des Unternehmens jedem Mitarbeiter genau die Daten, die er in seiner Funktion benötigt und auch »sehen darf«.

Alleine die qualitativ hochwertige, aktuelle und zuverlässige Bereitstellung dieser Berichte ist in den meisten Unternehmen heute noch eine Herausforderung. Dies wird verständlich, wenn man sich die Abhängigkeiten beginnend beim fachlichen Business Need über die gesamte Prozesskette bis zum Reporting vor Augen hält, die wir in Kapitel 6 dargestellt haben. An ihr wird deutlich, dass eine rein technologische Herangehensweise der übergeordneten Zielsetzung nicht gerecht werden kann.

Die Erzeugung von Business Benefits erfordert eine integrative Vorgehensweise von Fachbereichen und IT.

10.3.1 Analytisches CRM und Kundenbindung

Vorrangiges Ziel des operativen Customer Relationship Managements (CRM) ist Vertrieb (engl. Sales) und Marketing. Analytisches CRM kann darüber hinaus helfen, einen 360°-Blick auf den Kunden zu generieren und dadurch langfristig profitable Kundenbeziehungen zu sichern.

Dies kann mit der systematischen Bearbeitung und Auswertung der in den operativen Systemen gesammelten Daten gelingen, insbesondere der Daten über Kundenkontakte und Kundenreaktionen. Mithilfe des optimalen Kundenwissens kann nun der Kundenprofit entlang der Kundenbeziehungsphasen Akquisition, Loyalität und Abwanderung (engl.: Churn) maximiert werden.

Anhand des Prozesses des analytischen CRM wird der »Closed Loop«-Charakter (vgl. auch Kapitel 7) von Business Intelligence deutlich: Operative Daten zu Kunden, Transaktionen und Produkten werden gesammelt, analysiert und anschließend als Entscheidungsgrundlage beispielsweise als Scoring-Modell für das operative CRM bereitgestellt.

Abbildung 10.2 zeigt die Phasen des Kundenlebenszyklus:

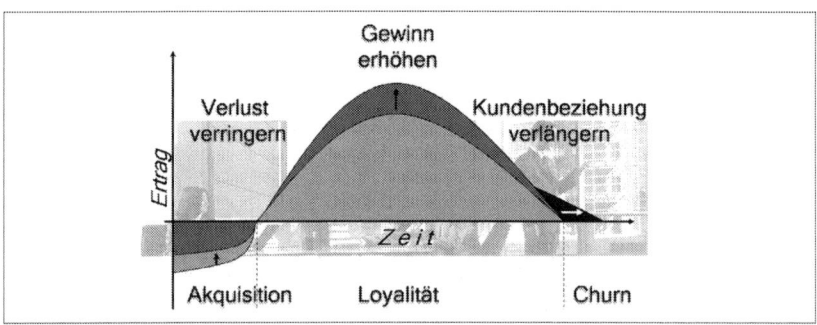

Abb. 10.2: Kundenlebenszyklus

Durch Analytisches CRM und die Erzeugung einer 360°-Sicht auf einen Kunden gelingt es,

1. den Gewinn mit diesem Kunden zu erhöhen sowie

2. den Kunden langfristig zu binden.

Dabei unterstützt Business Intelligence den Vertrieb in allen relevanten Situationen durch die Bereitstellung von Informationen am jeweiligen Arbeitsplatz und durch nachgelagerte Analysen.

Analytisches CRM ist für sich genommen ein sehr umfangreiches Thema, das hier nicht bis ins Detail vertieft werden kann. Es soll aber festgehalten werden, dass Business Intelligence mit allen Teilaspekten die Grundlage für ein ertragreiches Analytisches CRM ist.

10.3.2 Operative Benefits Sales

Hier folgt ein Beispiel für eine konkrete Alltagssituation, in der durch Business Intelligence neue Verkaufsoptionen ermöglicht werden.

Beispiel

Branche: Consumer Electronic

Funktion: Komplementäre Produkte (Cross Selling)

Beschreibung:

- Ein Mitarbeiter im Callcenter erhält einen Kundenanruf mit einer Beschwerde.
- Anhand der Telefonnummer werden die Kundendaten am Bildschirm angezeigt.
- Der Callcenter-Mitarbeiter weiß sofort, welche Produkte der Kunde hat, wie oft er sich beschwert usw.
- Der Mitarbeiter sieht auch eine Information, wonach die Firmware in der Hardware des Kunden nicht mehr aktuell ist (letzter Download). Darüber hinaus sieht er, welche Produkte zu den schon beim Kunden vorhandenen Produkten »passen« (Komplementärprodukte).
- Der Mitarbeiter weist den Kunden darauf hin, dass sein Beschwerdegrund sich durch ein kostenloses Firmware-Upgrade als Download erledigt (Verhinderung der Kundenabwanderung – Churn Prevention).
- Im Anschluss kann er den Kunden auf die Komplementärprodukte ansprechen, ein Verkaufsgespräch beginnen und den Kunden an einen Sales-Mitarbeiter weiterleiten.

Die Daten aus dem Telefongespräch des Servicemitarbeiters werden sofort nach Beendigung des Gespräches in die Datenbank geschrieben, sodass in dem Moment, in dem der Sales-Mitarbeiter das Kundengespräch übernimmt, dieser die Kundendaten aktualisiert inklusive der Daten aus dem gerade beendeten Servicegespräch auf dem Bildschirm sieht. In der Folge ist der Sales-Mitarbeiter in der Lage, dem Kunden aktuelle Komplementärprodukte zu verkaufen (Cross Selling).

Der Mehrwert, den BI an dieser Stelle leistet, ist die Bereitstellung einer Analyseapplikation im operativen Wertschöpfungsprozess.

10.3.3 Operative Benefits Marketing

Was für Sales gilt, gilt natürlich auch für Marketing. Das Ziel von Business Intelligence ist hier, Informationen für Kampagnen, Lead-Generierung usw. zur Verfügung zu stellen. Dieses Ziel kann BI erreichen, indem in enger Abstimmung mit dem Fachbereich Marketing die benötigten Informationen den Marketingmitarbeitern in ihren Arbeitsplatzsystemen und Applikationen (z.B. auch auf Messen) direkt zur Verfügung gestellt werden.

Beispiel

Branche: Maschinenbau

Funktion: Kampagnen-Management

Beschreibung:

- Die Daten aus den internen Systemen eines Unternehmens reichen zur Zielgruppenanalyse im Marketing nicht aus und müssen um externe Daten (z.B. AMA) erweitert werden.

- Über einen definierten Schnittstellenprozess werden die externen Daten einmal im Monat in die Datenbanken der Business Intelligence geladen und sind als Attribute zum Kunden auswertbar.

- Business Intelligence stellt online aus der Datenbank die Datenbasis für die Zielgruppenanalyse im operativen CRM-System zur Verfügung, das auch die Module des operativen

Marketings wie z.B. das Kampagnen-Management mit der vorgelagerten Zielgruppenanalyse enthält.

▨ Auf diesem Weg werden die externen Daten durch Integration in die BI automatisch für das Kampagnen-Management verfügbar.

Der Mehrwert, den BI an dieser Stelle leistet, ist die Bereitstellung von konsolidierten internen und externen Daten in einem operativen Prozess.

10.3.4 Benefits Controlling

Neben den Zielen der BI in Bezug auf Sales und Marketing, bei denen unmittelbar die Generierung von Geschäft im Fokus steht, ist die Erzeugung konsolidierter Datenquellen für alle im Unternehmen benötigten Sichten ein wichtiger Mehrwert von zentraler Bedeutung.

Insbesondere benötigt Controlling in vielen Fällen Sichten auf Daten, die sich von der Abbildung der Realität unterscheiden und sich nicht durch eine einfache Aufbereitung operativer Daten erzeugen lassen.

Beispiel:

Oft werden vom Controlling Darstellungen aktueller Bewegungsdaten auf Stammdatenstrukturen erwartet, die von den in den operativen Systemen aktuell vorhandenen Strukturen abweichen, z.B. für Forecasts, Wenn-dann-Analysen oder Planungsprozesse, die zukünftige Strukturen oder Varianten von Legalsichten berücksichtigen sollen. Business Intelligence kann durch »virtuelle Strukturen« solche Sichten erzeugen. Notwendig ist dafür ein Mapping der vorhandenen Bewegungsdaten auf künstlichen Strukturen, die so nicht aus den Vorsystemen geliefert werden können. Diese Mappings können als Attribute von Organisationselementen im Rahmen des Master Data Managements abgebildet werden. Durch die zentrale Bereitstellung von Stammdaten aus dem Master Data Management der Business Intelligence sind die »virtuellen Strukturen« dann für alle operativen und dispositiven Systeme verfügbar. Den theoretischen Anwendungsgebieten solcher virtuellen

Organisationen oder anderer, nicht realer Strukturen sind nur durch die Kreativität der Fachbereiche Grenzen gesetzt.

Der Mehrwert, den Business Intelligence an dieser Stelle leistet, besteht in der Bereitstellung einer Stammdatenbasis im Master Data Management, die die Überleitung aktueller Bewegungsdaten aus realen in virtuelle Sichten ermöglicht und damit praktisch unbegrenzte »Planspiele« und leistungsfähige Planungsapplikationen zulässt.

10.3.5 Echtzeitanalysen

Darüber hinaus muss es ein Ziel von Business Intelligence sein, Daten für Echtzeitanalysen in operativen Systemen zur Verfügung zu stellen und damit die Integration von IT-Systemen in die Wertschöpfungskette voranzutreiben (vgl. »BI for the masses« in Abschnitt 8.2).

Beispiel

Branche: IT-Branche
Funktion: Synchronisation Sales/Delivery
Beschreibung:

- In einem CRM-System werden von den Sales-Mitarbeitern alle Kundenprojekte abgelegt. DWH/BI greift in Echtzeit auf dieses System zu.

- Die Delivery-Manager in den Regionen sehen einen auf ihre jeweilige Region zugeschnittenen Report über ihre aktuellen Kundenprojekte, der ihnen vom BI in Echtzeit im CRM-System bereitgestellt wird.

- Durch Drill-Down aus der aggregierten Sicht des Reports gelangen die Delivery-Manager in eine Detailansicht mit ihren aktuellen Kundenprojekten.

- Durch Anklicken eines Kundenprojektes gelangen die Delivery-Manager per Drill-Through zu dem im Report angeklickten Datensatz im aktuellen Wirkbetrieb des CRM-Systems. Hier können die Delivery-Manager definierte Inhalte des Kundenprojektes anpassen.

- Sofern durch die Änderung vertriebliche Belange betroffen sind, erhalten alle betroffenen Sales-Mitarbeiter automatisch entsprechende Benachrichtigungen.

- Durch Rückwärtsnavigation in den Ausgangsreport sieht der Delivery-Manager seine Änderungen am Kundenprojekt direkt in der Reporting-Sicht.

Der Mehrwert, den Business Intelligence an dieser Stelle leistet, besteht in der Bereitstellung von Echtzeitinformationen zur Steuerung von Kundenprojekten in interdisziplinären Workflows des CRM-Systems.

Kapitel 11

Klassische Zielkonflikte und deren Auflösung in BI-Initiativen

Dieses Kapitel behandelt folgende Inhalte:

- Beschreibung und Auflösung von Szenarien, die oft als Begründung für die Undurchführbarkeit von BI-Projekten herangezogen werden
- Transparenz vs. Intransparenz
- Strukturierung vs. Freiheitsgrade
- Standardisierung von Daten vs. individuelle Sichten
- Release-Planung vs. Flexibilität

11.1 Transparenz vs. Intransparenz

Wer bis hierher gelesen hat, wird sich an der einen oder anderen Stelle vielleicht gefragt haben, ob unsere Betrachtungen sich nicht zu sehr an Idealszenarien ausrichten, die sich in der Realität von Unternehmen nur äußerst selten finden oder herstellen lassen. Insbesondere sind Projekte oft von Interessenlagen beeinflusst, die mit dem konkreten fachlichen Thema nichts zu tun haben, trotzdem aber mit Macht in das Projektgeschehen einwirken. Man spricht in diesen Fällen immer wieder von »Politik«.

Bezogen auf BI-Projekte ist in dieser Hinsicht nachvollziehbar, dass grundlegende Aufgaben des Data Warehousings und der Business Intelligence per Definition den Interessen einzelner Personen oder

Personengruppen im Unternehmen entgegenstehen müssen, weil sie Transparenz schaffen, die nicht immer von allen Beteiligten erwünscht ist. Von dieser Seite wird sich vorhersehbar Widerstand gegen manche Vorhaben von BI-Projekten bilden.

Das könnte man nun negativ bewerten, weil diese Widerstände auf den ersten Blick die Erreichung von gemeinsamen Unternehmenszielen verhindern. Aber bei genauerer Betrachtung wird man feststellen, dass es solche Widerstände sogar geben *muss,* denn sie verhindern die Herstellung vollkommener Transparenz, die – wie wir im Folgenden zeigen werden – auch nicht das Ziel sein kann.

Aber steht das nicht in krassem Widerspruch zu den in diesem Buch beschriebenen und geforderten Strukturierungsmaßnahmen, die ja genau Transparenz schaffen und innere Widerstände im Unternehmen überwinden sollen? Wir sagen: Nein – kein Widerspruch. Denn das eigentliche Problem ist das Fehlen einer gesunden *Balance* zwischen individuellen Interessenlagen und übergeordneten, für alle geltenden Unternehmenszielen. Eine vollständige Transparenz wäre hierfür ebenso wenig zielführend wie Intransparenz.

In vielen Unternehmen wird heute zu viel Intransparenz beklagt, und es wird von BI-Projekten oft die Herstellung der *größtmöglichen* Transparenz gefordert. Welche Auswirkungen hätte aber eine (nur theoretisch mögliche) vollständige Transparenz? Diese Frage möchten wir anhand eines mit unendlichen Ressourcen ausgestatteten und nach der reinen Lehre aufgesetzten – hypothetischen – BI-Projekts erörtern.

Ein solches Projekt würde alle prozessualen, operativen und dispositiven sowie organisatorischen und kulturellen Defizite der Vergangenheit, Gegenwart und nahen Zukunft des Unternehmens zutage fördern. Es würde versucht werden, alle Ursachen dieser Defizite zu beseitigen. Nach erfolgreicher Umsetzung dieses Ansatzes müsste im Unternehmen die Meinung herrschen, dass die idealen Voraussetzungen geschaffen wurden, um perfekte Abläufe zu garantieren – solange kein *Mensch* einen Fehler macht. Jede Zahl wäre für jeden plausibel und bis zum Ursprung ihrer Entstehung nachvollziehbar. Jeder Vorgang könnte von Anfang bis Ende lückenlos nachbetrachtet werden. Alle Entscheidungen wären in ihren Auswirkungen auf das Unternehmen in kürzester Zeit analysierbar. Alle Fehler könnten einzelnen Personen zugeordnet werden. Diese Fehler dürften in diesem Idealszenario aber nicht mehr vorkommen, weil sie die hohen Investitionen, die zur Herstellung dieses Zustandes notwendig wären, unsinnig werden ließen. Es gäbe also keinerlei Toleranz für menschliche Schwächen und eine Art »Herrschaft« der Technologie.

Das wäre ein Szenario, das letztlich völlig unproduktiv wäre und sicher niemand will. In einem solchen Umfeld würde sich gegenseitiges Misstrauen in einem Ausmaß ausbreiten, das wesentlich negativere Auswirkungen auf das Unternehmen als »Gesamtorganismus« hätte als ein Zustand völliger Intransparenz. Eine »Null Toleranz für Fehler«-Mentalität würde jede Kreativität im Keim ersticken. Die Motivation zu aktiver Mitarbeit würde auf den Nullpunkt sinken, und ein Dienst nach Vorschrift wäre die Regel. Die eigentliche Zielsetzung, durch sinnvolle Nutzung von Technologie ein Höchstmaß an Produktivität von kreativen, aktiven Menschen in einem sich permanent wandelnden Prozess zu erzielen, wäre vollständig konterkariert. Der »Gesamtorganismus« hätte sich »zu Tode controlled«.

Darüber hinaus ließe ein Ansatz, wonach vollständige Transparenz mit einer Überbetonung technischer Aspekte eine optimale Entscheidungsfindung quasi »garantieren« könne, unberücksichtigt, dass gute Entscheidungen zu einem hohen Maße von intuitiven, emotionalen und sozialen Kompetenzen einzelner Personen abhängig sind. Dieses Potenzial wäre in einem solchen Szenario unterrepräsentiert. Der *Mensch* als Kompetenzträger wäre unterrepräsentiert (vgl. Abschnitt 1.3).

Die Organisation des Unternehmens auf Basis von hierarchischen Strukturen wäre ebenso in Frage gestellt, denn *vollständige* Transparenz würde auch bedeuten, dass jeder alles wissen kann und darf. Eine auf schnelle Reaktionen ausgelegte hierarchische Führungsstruktur, innerhalb derer auf jeder Ebene qualitativ hochwertige technische Analysen Entscheidungen absichern sollen, würde einer Art »basisdemokratischem Chaos« weichen, das nach aller Erfahrung keine zeitnahen Antworten auf schnell wechselnde Fragestellungen geben kann. Die vielfach geforderte Transparenz kann also kein alleiniges Ziel sein.

Was geschieht aber bei völliger Intransparenz, wenn ganze Unternehmensbereiche losgelöst von übergeordneten Steuerungsmechanismen vollkommen autark agieren können? Da dieses Phänomen im Unterschied zu ausgeprägter Transparenz heute zumindest bis zu einem gewissen Grad in der Realität von Unternehmen häufig vorkommt, kann hier aus der Erfahrung Folgendes festgestellt werden: In Fällen weitestgehender Autonomie bei gleichzeitiger Inanspruchnahme der Sicherheit des unternehmerischen und sozialen Unternehmenskontexts werden die Erfolge individuell verbucht, während Misserfolg durch Lastenverteilung auf alle kompensiert wird. Intransparenz wird also für die Verfolgung von Einzelinteressen genutzt, die von den gemeinsamen Unternehmensinteressen entkoppelt sind und diese eventuell sogar gefährden. Durch dieses Vorgehen wird in Unternehmen jeder Größenordnung erheblicher Schaden angerichtet, der nach und nach auch genau die Sicherheit abbaut, die die Anwender einer Strategie der Intransparenz für sich selbst in Anspruch nehmen; die ausschließliche Priorisierung von Einzelinteressen vor allgemeinen Unternehmensinteressen führt mittel- bis langfristig ebenfalls zum Ende des »Gesamtorganismus«.

Durch diese Gegenüberstellung extremer Ausprägungen von Transparenz und Intransparenz und ihrer Begleiterscheinungen wird deutlich, dass die Lösung wie so oft in der goldenen Mitte liegen muss. Und das wiederum ist ganz im Sinne unserer anfangs gemachten Ausführungen: Intuition, emotionale und soziale Intelligenz werden letztlich immer die entscheidenden Einflussgrößen für dauerhaften Erfolg bleiben, denn diese Faktoren entscheiden auch bei einem technisch optimalen System über dessen sinnvolle inhaltliche Nutzung.

Entscheider aller Ebenen sollten sich heute aber trotzdem zunehmend der Möglichkeiten technischer, rationaler und schneller Analysemethoden bedienen. Nur durch analytische Absicherung von Entscheidungen können Manager heute noch den Anforderungen in einem sich stetig beschleunigenden Gesamtkontext globalisierter Märkte mit einer immer schnelleren Abfolge von immer komplexeren Entscheidungsszenarien gerecht werden. Nur mit der Unterstützung technischer Analysen werden Entscheidungsgrundlagen auch zu einem späteren Zeitpunkt belegbar. Dadurch dient BI auch zur Absicherung von Managern in Situationen mit anspruchsvollen Fragestellungen.

Unternehmen in Märkten mit Verdrängungswettbewerb, in denen keine Innovationen mit Wachstumspotenzial zu erwarten sind, werden nur noch überlebensfähig sein, wenn sie die internen Potenziale heben, die in ihren Prozessen, Kunden, Lieferanten, Produkten und allen anderen Rahmenbedingungen ihres Wertschöpfungsprozesses liegen. Das bedeutet, die negativen Auswirkungen von zu viel Transparenz oder Intransparenz müssen erkannt und geeignete Gegenmaßnahmen eingeleitet werden, um völlige Klarheit über die realen Rahmenbedingungen des Wirschaftens zu erlangen und gleichzeitig ein Höchstmaß an individueller Kreativität und Produktivität zu ermöglichen.

Da wir heute bei dem überwiegenden Teil der Unternehmen von zu wenig Transparenz ausgehen müssen, sollte zur Herstellung der Balance zunächst die Transparenz erhöht werden. Diese Zunahme an Transparenz kann mit einem sauber aufgesetzten BI und allen dazugehörenden organisatorischen Maßnahmen am schnellsten erreicht werden. Gleichzeitig sollten zumindest zeitweise bestimmte Freiheitsgrade im Unternehmen eingeschränkt werden, um BI-Maßnahmen nicht durch parallele Aktivitäten gleich wieder in Frage zu stellen.

Erst wenn Strukturierung und Freiheitsgrade in einem ausgewogenen Verhältnis zueinander stehen, können die Gesamtpotenziale gehoben werden, die in einem Unternehmen vorhanden sind. Erst dann wachsen Business und IT wirklich zusammen und werden gemeinsam einen Beitrag zur Erhöhung der Wertschöpfung und damit zur Überlebensfähigkeit von Unternehmen in gesättigten Märkten mit Verdrängungswettbewerb leisten.

Sollte sich die Ausgangslage eines Tages in das Gegenteil eines Zuviel an Transparenz verkehren, also eine Situation der Unterbetonung intuitiver Aspekte durch Überregulierung entstanden sein, so müssten zur Wiederherstellung der Balance eine Abnahme der Transparenz und eine Zunahme individueller Freiheitsgrade gefordert werden. Die heute vielfach geforderte Transparenz ist also kein Selbstzweck.

Zusammenfassend kann gesagt werden:

- Die Forderung nach größtmöglicher Transparenz und Struktur steht in Konflikt mit der gleichberechtigten Forderung nach Autonomie im eigenen Entscheidungsbereich und der Nutzung intuitiver Aspekte der Entscheidungsfindung.

- Die Forderung nach Autonomie steht in Konflikt mit der gleichberechtigten Forderung nach möglichst strukturierter, abgesicherter Entscheidungs-, Handlungs- und Steuerungsfähigkeit über alle Unternehmensebenen und -bereiche.

- Zwischen beiden Maximalforderungen muss eine auf die jeweiligen Rahmenbedingungen im Unternehmen zugeschnittene Balance gefunden werden.

- Aufgrund des aktuell in der Mehrheit der Unternehmen gegebenen Mangels an Transparenz sollte in vielen Fällen zunächst eine höhere Transparenz und eine Einschränkung von Freiheitsgraden angestrebt werden, um die Balance herzustellen.

- Diese zeitweise Häufung gerechtfertigter Forderungen nach Transparenz heißt aber nicht, dass (maximale) Transparenz für sich genommen immer ein Mittel ist, um Probleme zu lösen.

- Das eigentliche Ziel ist die Herstellung einer dauerhaften, produktiven Balance zwischen emotional-intuitiver und technisch-rationaler Entscheidungsfindung.

Im Zusammenhang mit den hier erörterten Fragestellungen verweisen wir auch auf unsere Aussagen in Vorwort und Einleitung.

11.2 Strukturierung vs. Freiheitsgrade

Oft werden die Beteiligten während einer ersten Analyse und Strukturierung der spezifischen Gegebenheiten in einem Unternehmen mit dem Ziel eines späteren, genau auf diese besonderen Rahmenbedingungen zugeschnittenen Aufbaus von Business Intelligence skeptisch. Dabei wird immer wieder gefordert, dass zwar die Vorteile der Strukturierung, auf der eine funktionierende BI in großen Teilen basieren muss, im Unternehmen gewünscht seien, diese Vorteile aber ohne größere Veränderungen erreicht werden sollen.

Veränderungen werden insbesondere kritisch gesehen in Bezug auf

- Prozesse

- Kommunikation

- Kooperation

- Unternehmenskultur

Häufig ist zu beobachten, dass in Interviews, die z.B. im Rahmen eines BI Readiness Check durchgeführt werden, die von allen Beteiligten als zentrale Erfolgshemmnisse des Unternehmens erkannten Gegebenheiten übereinstimmend genannt, jedoch vorgeschlagene Maßnahmen zur deren Beseitigung sehr kritisch gesehen werden. Daran ändert auch die Tatsache nichts, dass einzelne Befragte die Auswirkungen dieser Erfolgshemmnisse im Arbeitsalltag als persönlich belastend empfinden, was bis zu dem aufkommenden Wunsch nach einem Wechsel des Arbeitgebers reichen kann. Kritik äußert sich dabei oft in Aussagen wie den folgenden, die zum Teil echte »Klassiker« sind:

- »... das haben wir hier noch nie so gemacht ...«

- »... das mag vielleicht in anderen Unternehmen funktionieren, aber nicht bei uns ...«

- »... dafür ist dieses Unternehmen noch nicht reif ...«

Kaum einer der Befragten sieht sich dabei selbst als Teil eines Systems, das die gegebene Situation verursacht hat oder aufrechterhält. Vielmehr nehmen sich die Beteiligten gegenseitig als ursächlich verantwortlich für bestehende Erfolgshemmnisse und fehlenden Veränderungswillen wahr. Oft wird diese Verantwortung auch prinzipiell beim Topmanagement angesiedelt. Geht man diesem Phänomen weiter auf den Grund, begegnet man individuellen Befürchtungen, wonach das BI-Projekt persönliche Freiheiten einschränken und Kreativität verloren gehen könnte. Im Extremfall wird – über alle Ebenen – der mögliche Verlust des eigenen Arbeitsplatzes durch technologisch getriebene Rationalisierung thematisiert.

Spätestens an diesem Punkt wird deutlich, wie stark Widerstände gegen ein BI-Projekt motiviert sein können. Der Zielkonflikt einzelner Beteiligter liegt dabei genau darin, dass die eigene Mitarbeit am Aufbau der BI, die im Sinne des Unternehmens als absolut sinnvoll erachtet wird, gleichzeitig persönliche Nachteile nach sich ziehen könnte. Jedes BI-Projekt sollte diese Befürchtungen ernst nehmen und im Rahmen des Change Managements des Business Intelligence Competence Centers (BICC) professionell bearbeiten.

Dieser Zielkonflikt löst sich auf, wenn man sich bewusst macht, dass BI in ihrer finalen Ausprägung gerade ein Höchstmaß an persönlichen Freiheiten und die umfassende Ausschöpfung individueller Potenziale wie Kreativität und Begeisterungsfähigkeit zum Ziel hat – allerdings auf der Basis strukturierter, qualitativ hochwertiger Prozesse, Systeme und Daten.

BI ist damit die *Voraussetzung* zum Erhalt gegebener und zur Schaffung neuer Freiheiten und zur Nutzung *aller* internen Potenziale mit dem Ziel, die Produktivität des Unternehmens insgesamt zu erhöhen, dessen Überlebensfähigkeit zu stärken und damit einen aktiven Beitrag zur Arbeitsplatzsicherheit aller Beteiligten zu leisten.

Je mehr Freiheit und spontane Kreativität z.B. bei der operativen Analyse von Marketingdaten (Data Mining), Kampagnenvorbereitungen oder der Auswertung von Vertriebsaktivitäten möglich sein soll, desto konsequenter müssen die zugrunde liegenden Systeme und Daten strukturiert werden und desto genauer muss das genutzte BI-Frontend auf die Bedürfnisse der Anwender zugeschnitten sein. Je einfacher, schneller und präziser die Erstellung von Financial Reports im Controlling sein soll, desto höher muss der Aufwand sein, der in die Qualität der Datenbasis investiert wird, und desto sauberer müssen alle operativen Prozesse ablaufen.

Alle genannten Punkte sind Kernaufgaben eines BICC, das möglichst als Stabsstelle bei der Geschäftsleitung platziert wird, so wie es schon seit Jahren von allen führenden Analysten der Branche – allen voran Gartner – als einzig sinnvolle Organisationsform für die Durchführung von BI-Projekten beschrieben wird.

Insofern beinhalten sowohl die Anforderungen von Fachbereichen als auch viele der gegen ein BI-Projekt vorgetragenen Bedenken implizit den von einem BICC koordinierten Aufbau von Business Intelligence. Die Moderation unterschiedlicher Interessenlagen und individueller Bewertungen gehören dabei mit Sicherheit zu den anspruchsvollsten Aufgaben einer BI-Initiative, denen von Beginn an höchste Aufmerksamkeit gewidmet werden sollte.

11.3 Harmonisierung vs. Individualisierung

Einer ähnlichen Abwägungserfordernis wie bei Transparenz und Intransparenz begegnet man bei der Diskussion, inwieweit Daten aus heterogenen Quellsystemen zur Analyse über alle Unternehmensebenen strukturiert, harmonisiert und standardisiert werden sollen. Auch hier steht der Forderung nach hohen Freiheitsgraden in einzelnen Unternehmensbereichen der legitime Anspruch der Geschäftsführung gegenüber, zur Steuerung des Gesamtunternehmens auf konsolidierte Daten aus allen Bereichen zugreifen zu können. Hinter diesem Thema verbirgt sich eine Kernvoraussetzung steuerungsrelevanter Business Intelligence: das Master Data Management (MDM), also die Harmonisierung und Konsolidierung von Stammdaten wie Kunden, Lieferanten, Produkten und Organisationsformen über alle operativen und dispositiven Systeme im Unternehmen.

Die Heterogenität von Stammdaten ist oft die Begründung für den Aufbau von bereichsspezifischen Bypass-Reportings, weil die in den Fachbereichen benötigten Analysen in der Praxis oft auf speziellen Stammdaten basieren müssen, die – aus welchen Gründen auch immer – nicht im schon vorhandenen DWH verfügbar sind. In manchen Fällen werden innerhalb der fachbereichsspezifischen Reporting-Prozesse bestimmte Daten überhaupt erst erzeugt, sodass diese Daten exklusiv nur dem betreffenden Fachbereich zur Verfügung stehen. Solche Reportings sind mit keinen anderen Analysen im Unternehmen vergleichbar und damit mitverantwortlich für fehlende Reporting-Sicherheit auf Corporate-Ebene.

Die umfangreichen negativen Auswirkungen solcher Bypass-Reportings wie die dauerhafte Aufrechterhaltung schlechter Datenqualität haben wir in Kapitel 5 ausführlich beschrieben. Solche Bypasses sind in Bezug auf funktionierende BI als absoluter Show-Stopper zu bezeichnen. Der Abbau von Bypass-Reportings sollte daher als Ziel innerhalb der IT-Governance und BI-Strategie formuliert sein.

Die unterschiedlichen Anforderungen aller Unternehmensbereiche und -ebenen können durchaus aus einem einzigen Enterprise Data Warehouse erfüllt werden, wenn das Unternehmen sich einmal für ein BI mit durchgängigem Master Data Management entschieden hat. Denn natürlich steht der Einrichtung fachbereichsspezifischer Datenbereiche auf Basis eines konsolidierten gemeinsamen Datenbestandes nichts entgegen (Data Marts, vgl. Abschnitt 4.4.4). Es sollten also innerhalb der BI-Prozesse zunächst die Stammdaten in dafür spezialisierten Systemen nach einem gemeinsamen, mit allen Fachbereichen definierten Regelwerk konsolidiert werden, um sie danach an alle beteiligten Systeme zu verteilen. Die Erzeugung spezifischer Teilsichten der Fachbereiche auf diese Daten, innerhalb derer die Daten auch an spezielle Erfordernisse des Fachbereiches angepasst werden können, ist auf dieser Basis dann völlig problemlos möglich. Wichtig ist, dass das Regelwerk zur Erstellung der vom konsolidierten Datenstand abweichenden Sichten transparent ist, sodass keine Diskussionen über die Datenqualität entstehen.

Darüber hinaus kann es durchaus sinnvoll sein, innerhalb der Fachbereiche Prototypen von benötigten BI-Applikationen zu entwerfen, die später nach erfolgreichen Tests inhaltlich in die Regelarchitektur integriert werden sollen. Solche Prototypen können ebenfalls zunächst auf dem konsolidierten Datenbestand der BI aufsetzen und darüber hinaus beliebige neue Informationen integrieren und

Sichten abbilden. Bei der späteren Migration eines Prototyps in die BI liegen dann schon weitgehende Informationen über eventuell notwendige neue Schnittstellen, Schnittstellenanpassungen, Verarbeitungslogiken und Berichtslayouts vor, die schnell in eine BI-konforme Spezifikation überführt werden können.

Solche Prototypen dürfen aber nicht mit Bypass-Reportings verwechselt werden und niemals als »Einstieg« in den schleichenden Aufbau eines Bypasses dienen. Um dies zu verhindern, sollten auch alle Prototypen im Rahmen des Big Picture Managements im BICC mit allen Schnittstellen abgebildet sein. Im Idealfall erstellt der Fachbereich vor Beginn des Aufbaus eines Prototyps zusammen mit dem BICC eine Beschreibung über

- den fachlichen Business Need,

- was der Prototyp liefern soll und (noch) nicht von der BI geliefert werden kann,

- welche Daten/Schnittstellen benötigt werden,

- wie die Verarbeitungslogik (grob) aussehen soll,

- wann der fachliche Test im Prototyp beendet sein soll und

- wann eine Entscheidung über die Migration oder Abschaltung des Prototyps innerhalb der BI-Architektur getroffen werden soll.

Die Abschaltung eines Prototyps sollte dann konsequent durch das BICC selbst vorgenommen werden.

Fazit:

Unternehmensweite Harmonisierung und Standardisierung von Daten sind keine Widersprüche zum Aufbau fachbereichsspezifischer Sichten. Der parallele Aufbau und Betrieb der Systeme sollte lediglich im Rahmen einer dafür legitimierten BI-Organisation (BICC) durchgeführt werden, die den Überblick über das Gesamtsystem behält (Big Picture Management). Auch hier gilt es, eine für das jeweilige Unternehmen sinnvolle Balance zwischen Strukturierung und Freiheitsgraden zu finden.

11.4 Releaseplanung vs. Flexibilität

Ein weiterer Zielkonflikt kann sich in Bezug auf die Planung und Umsetzung von Business Intelligence insbesondere im Rahmen der Weiterentwicklung ergeben. Einerseits ist eine verlässliche mittelfristige Planung notwendig, um alle integrativen Aspekte von Business Intelligence wie z.b. ein mit allen Fachbereichen abgestimmtes Anforderungs-Management (AFM) durchzuführen. Die Priorisierung und Klassifizierung von Anforderungen mit den Entscheidungen, welche Anforderungen zu welchem Zeitpunkt umgesetzt werden, erfordert Zeit. Bis die Anforderungen in umsetzbaren Beschreibungsformaten z.B. als DV-Konzepte zur Realisierung freigegeben werden können, entsteht weiterer Aufwand. In der Regel werden Realisierer auch in der konkreten Umsetzungsphase Rückfragen haben, es müssen Tests durchgeführt werden, der Rollout muss geplant und eventuelle Schulungen müssen konzipiert und durchgeführt werden. Der Gesamtaufwand dieser Abläufe lässt pro Jahr nur ein, zwei, vielleicht drei große Releases zu, in denen umfangreiche Anpassungen am Gesamtsystem durchgeführt werden.

Demgegenüber steht die hohe Veränderungsdynamik, mit der Unternehmen heute auf Veränderungen des Marktes reagieren müssen. Gerade in diesem Kontext muss Business Intelligence Mehrwert liefern, um einem Unternehmen die eventuell entscheidenden Wettbewerbsvorteile zu sichern. Dazu sind kurze Umsetzungszeiten notwendig, wenn Anforderungen vom Business hoch priorisiert werden und kurzfristig Benefits erzeugen müssen (Quick Wins).

Diese zeitlich divergierenden Anforderungsszenarien an Business Intelligence können in einem übergreifenden Konzept für die Release-Planung in Einklang gebracht werden, das vom Business Intelligence Competence Center (BICC) verantwortet wird. In der Praxis hat es sich bewährt, die Umsetzung von Anforderungen in Major und Minor Releases zu unterteilen, die sich in Anzahl und Komplexität der umzusetzenden Anforderungen unterscheiden und die Dringlichkeit aus Sicht des Business berücksichtigen.

Darüber hinaus hat es sich als sinnvoll erwiesen, eigene technische Releases zu planen, die von fachlichen Anforderungen unabhängig umgesetzt werden. So sollten z.B. Bug-Fixing, Software-Updates oder Upgrades nicht gleichzeitig mit umfangreichen komplexen fachlichen Anforderungen realisiert werden. Die Gefahr ist dabei zu groß, dass bei Fehlern auf der technischen Ebene die fachlichen Anforderungen ebenfalls betroffen sind. Im ungünstigsten Fall können Fehler nicht mehr sauber der technischen oder der fachlichen Ebene zugeordnet und nicht kurzfristig behoben werden, sodass das Gesamtsystem mit seinen vielfältigen Abhängigkeiten u.U. für längere Zeit unter erheblichen Beeinträchtigungen leidet.

Des Weiteren ist es notwendig, die Release-Planung der Business Intelligence frühzeitig zu budgetieren, damit es in den Planungs- und Umsetzungsphasen nicht zu Verzögerungen kommt.

Auf Basis der Anforderungen und der verfügbaren Budgets sollte dann frühzeitig – im Idealfall im Vorjahr – eine Gesamt-Release-Planung für das ganze Jahr aufgesetzt werden. Zumindest die Zeitpunkte für die verschiedenen Release-Klassen sollten früh feststehen. Die Inhalte der Releases können auch danach noch Gegenstand des Anforderungs-Managements unter Beteiligung der Fachbereiche sein.

11.4.1 Major Releases

Major Releases beinhalten umfangreiche Änderungen am Gesamtsystem mit vielfältigen Abhängigkeiten zwischen den verschiedenen Komponenten.

Bestandteile von Major Releases können z.B. sein:

- Neue BI-Applikationen, die neue Analysen mit umfangreichen neuen Funktionalitäten zur Verfügung stellen und einen hohen Integrationsgrad der beteiligten Systeme erfordern

- Die Umstellung der Stammdatenbereitstellung an das Data Warehouse auf eine Zulieferung aus KIO-Servern

- Die Umsetzung einer neuen Evolutionsstufe beim Aufbau von Closed Loops der Business Intelligence (vgl. Abschnitte 7.1 – 7.3)

- Die Einführung einer neuen Version des Frontends mit umfangreichen Änderungen und neuen Funktionalitäten, die Einfluss auf Handling und Usability für die User haben.

Major Releases repräsentieren mit ihren umfangreichen Gesamtanforderungen an ein System den hohen Komplexitätsgrad, den Business Intelligence auf technischer, prozessualer und organisatorischer Ebene annehmen kann.

11.4.2 Minor Releases

Kleinere Anforderungen, die allerdings nicht klein genug sind, um sie zusammen mit ohnehin geplanten Änderungen quasi »nebenher« umzusetzen, sollten in Minor Release geplant werden. Sie können über das Jahr verteilt zwischen den Major Release umgesetzt werden und ergänzen diese.

11.4.3 Technische Releases

Technische Releases dienen ausschließlich der Umsetzung von Bug-Fixing sowie Software-Updates und -Upgrades oder anderen technischen Änderungen im System. Sie sollten von allen fachlichen Anforderungen freigehalten werden. Diese Trennung zielt in erster Linie auf eine saubere Zuordenbarkeit im Falle von auftretenden Fehlern. Bei einer Vermischung technischer und fachlicher Umsetzungen kann im Falle von Mängeln oftmals nicht schnell genug identifiziert werden, auf welcher Ebene ein Fehler vorliegt. Die Trennung von technischen und fachlichen Releases sorgt dafür, dass keine vermeidbaren Beeinträchtigungen für die User entstehen, die durch ein verzögertes Bug-Fixing im Rahmen eines Wirkbetriebsübergangs verursacht werden können.

11.4.4 Fixed Budgets

Fixed Budgets sind fest vereinbarte Beträge, die für definierte Anforderungsklassen verwendet werden können, ohne dass die Release-Planung einen Budgetfreigabeprozess durchlaufen muss. Fixed Budgets können z.B. vom Release Management eines BICC verwaltet werden. Sie entfalten ihre positive Wirkung insbesondere im Zusammenhang mit Minor Releases, indem überschaubare fachliche Anforderungen ohne weitere Freigaben direkt aus dem BICC heraus umgesetzt werden können. Dadurch wird auf Ebene der Release-Planung eine Flexibilität gegenüber den Usern von Business Intelligence sichergestellt, die für die Akzeptanz und den Erfolg von BI sehr wichtig ist. Fixed Budgets sollten am Jahresende für das Folgejahr freigegeben werden, um die Release-Planung und damit die User von Business Intelligence optimal zu unterstützen.

Kapitel 12

BI-Quickcheck

Dieses Kapitel behandelt folgende Inhalte:

■ Die wichtigsten Fragen im Vorfeld von BI-Initiativen
■ Die wichtigsten organisatorischen und projektbezogenen Maßnahmen

12.1   Ist mein Unternehmen reif für BI?

In Abschnitt 8.1 wurden Projektinhalte beschrieben, die zum Aufbau von Business Intelligence benötigt werden. Der »BI Readiness Check« in Abschnitt 8.1.1 ist eine der konkreten BI-Initiative vorgelagerte Maßnahme, mit der geprüft wird, inwieweit die Rahmenbedingungen in einem Unternehmen schon geeignet sind, um Business Intelligence erfolgreich einzuführen. Dadurch können Fehlinvestitionen verhindert und der Blick für die eigenen Zielsetzungen geschärft werden.

Im Folgenden haben wir einige grundlegende Fragestellungen aufgelistet, mit denen man sich dem Thema Business Intelligence in einem ersten Schritt nähern kann. Ein regelrechter »BI Readiness Check« ist in der Praxis sehr viel umfangreicher und geht detailliert auf die individuellen Gegebenheiten eines Unternehmens ein.

Die folgenden Fragen können aber schon einen Anhaltspunkt dafür liefern, ob ein Unternehmen grundsätzlich gute Voraussetzungen für Business Intelligence mitbringt oder diese erst geschaffen werden müssten. Je mehr Fragen mit »Ja« beantwortet werden können, desto besser sind die Aussichten für ein erfolgreiches BI-Projekt.

12.1.1 Die wichtigsten Fragestellungen

- Wird Business Intelligence vom Topmanagement gewollt?

- Ist das Management des IT-Bereiches in der Geschäftsführung vertreten?

- Wird Business Intelligence von den Fachbereichen gewollt?

- Gibt es ein einheitliches Verständnis darüber, was Business Intelligence ist?

- Gibt es ein einheitliches Verständnis darüber, welche Ziele mit Business Intelligence erreicht werden sollen?

- Sind die Fachbereiche bereit, inhaltlich am Aufbau von Business Intelligence mitzuarbeiten?

- Sind die Fachbereiche bereit, sich an der Bereitstellung der benötigten Ressourcen zu beteiligen?

- Steht im IT-Bereich BI-Know-how zur Verfügung?

- Kann die vorhandene IT-Infrastruktur genutzt werden?

- Sofern Investitionen in die technische IT-Infrastruktur notwendig sind – steht hierfür Budget zur Verfügung?

- Sind alle Teile des IT-Bereiches inkl. Betrieb in der eigenen Linienorganisation verankert (kein Outsourcing)?

- Steht ein ausgewiesenes BI-Budget zur Verfügung?

12.2 Die wichtigsten Maßnahmen im Überblick

Wenn ein Unternehmen zu dem Entschluss gekommen ist, Business Intelligence einzuführen, sollten bestimmte Aktivitäten im Rahmen der BI-Initiative unbedingt umgesetzt werden. Es gibt Kernthemen der BI, ohne die eine ansonsten noch so gut aufgesetzte Vorgehensweise scheitern wird (vgl. Kapitel 9). Diese Kernthemen lassen sich in zwei Blöcke aufteilen.

12.2.1 Strategie und Organisation

- Sicherstellung von Top Sponsoring und Management Attention
- Budgetverteilung auf IT *und* alle Stakeholder/Fachbereiche
- Aufbau einer eigenen BI-Organisation (Business Intelligence Competence Center, BICC), die direkt dem Vorstand (CIO im Vorstand) berichtet, mit folgenden Verantwortlichkeiten:
- Synchronisation von BI mit der Unternehmensstrategie
- Ableitung einer BI-Strategie aus der Unternehmensstrategie in Abstimmung mit den Fachbereichen
- Abstimmung der Ziele von BI mit Beteiligten aller Ebenen
- Aufbau einer BI-spezifischen internen Kommunikation
- Aufbau eines BI-spezifischen internen Marketings
- Aufbau der Steuerung des Operation Management (Betrieb)
- Requirement Management (Anforderungsmanagement)
- Abstimmung eines groben Meilensteinplans mit Beteiligten aller Ebenen
- Stakeholder Management
- Erarbeitung und Festlegung einer BI-Zielarchitektur

12.2.2 Projektorganisation und Scoping der Teilprojekte

- Aufbau einer BI-Zielarchitektur als »Single Point of Truth«
- Migration und/oder Abschaltung von Bypass-Reportings
- Optimierung operativer Prozesse
- Optimierung der Abbildung operativer Prozesse in operativen Systemen
- Optimierung der Datenqualität der Stammdaten (Master Data Management)
- Einführung von Meta Data Services, umfassender Dokumentation und eines Big Picture Managements über die gesamte IT-Architektur

- Abstimmung Betriebskonzepte/Managed Services
- Einführung BI-Frontend
- Entwicklung eines umfassenden Berechtigungs-Konzepts
- Entwicklung eines umfassenden Power-User-Konzepts
- Aufbau eines Roll-Out-Managements
- Konzeption von Schulungen

Kapitel 13

Aktuelle technische Entwicklungen & Business Intelligence

Dieses Kapitel behandelt folgende Inhalte:

■ Auswirkungen von technischen Entwicklungen auf das Verständnis von Business Intelligence am Beispiel In-Memory-Datenbanken

Seit der ersten Auflage der »BI-Falle« im Juni 2009 sind technische Entwicklungen in den Mittelpunkt des Interesses gerückt, von denen in der IT-Branche zum Teil weitreichende positive Effekte hinsichtlich der Leistungsfähigkeit der IT-Infrastruktur und deren Kosten – letztlich also auch der IT-Rendite – erwartet werden. Aus unserer Sicht werden nicht alle diese Themen Auswirkungen auf Business Intelligence haben. So sehen wir z.B. im Zusammenhang mit Cloud Computing eher technische Aspekte im Mittelpunkt, die entsprechend unserer Grundthese zwar die für BI notwendige IT-Infrastruktur bereitstellen, letztlich jedoch von untergeordneter Bedeutung für den Erfolg von BI-Initiativen sind (vgl. Kapitel 3).

Dagegen können die Möglichkeiten von »In-Memory«-Datenbanken durchaus Auswirkungen auf das *Verständnis* von Business Intelligence haben und allein schon durch diese veränderte Sicht die Erfolgsaussichten entsprechender Projekte signifikant verbessern.

13.1   In-Memory-Technologie

Wenn Hersteller von neuen BI-Architekturen sprechen, ist in der Regel Skepsis angebracht. Seit nunmehr über 10 Jahren gilt die Hub & Spoke Architektur mit einem zentralen DWH und bereichsspezifischen Data Marts als die Referenzarchitektur für Business Intelligence (vgl. Abschnitt 4.3.3). Neue Entwicklungen beschränkten sich in der Regel auf Detailfragen im Rahmen der Referenzarchitektur, stellten diese aber nicht im eigentlichen architektonischen Sinne in Frage.

Der sich aktuell abzeichnende Trend hin zu sogenannter In-Memory-Technologie hingegen stellt in mehrfacher Hinsicht die traditionelle Architektur und Herangehensweise in Frage.

Wie der Name schon andeutet, werden bei der In-Memory-Technologie operative Daten eines Unternehmens nicht in ein zentrales DWH, sondern über Skripte unmittelbar in den Hauptspeicher repliziert. Da bekanntlich Abfragen gegen das RAM die mit Abstand schnellsten Auslesezeiten im Bereich von Nanosekunden vorweisen, wäre hier ein deutlicher Performancegewinn gegenüber herkömmlichen festplattenbasierten Datenbanken möglich, deren Abfragewerte im Bereich Millisekunden liegen.

Dieser deutliche Performancegewinn könnte die aufwändige Modellierung der Daten in Star- oder Snowflake-Schemata überflüssig machen, dienen logische Datenbankschemata doch vornehmlich der Optimierung auf effiziente Leseoperationen. Aus den gleichen Gründen könnte je nach Anwendungsgebiet das Data Mart-Konzept in Frage gestellt werden.

13.1.1 Chancen

Performance

Das Antwortzeitverhalten von Ad-hoc-Abfragen gehört nach wie vor zu den kritischsten Themen bei der User-Akzeptanz von BI-Anwendungen. Auch wenn bei der Hardware enorme Fortschritte gemacht wurden, so sind doch mindestens im gleichem Maße die Anforderungen gestiegen: Immer mehr Daten müssen immer schneller verfügbar sein und immer schnellere Analyseergebnisse ermöglichen. Ad-hoc-Abfragen gegen Daten, die vollständig im Hauptspeicher vorliegen, könnten hier – rein bezogen auf den Vergleich der Antwortzeiten – den Durchbruch bedeuten.

Echtzeit

Dank ihrer Schnelligkeit ermöglicht die In-Memory-Technologie auch Echtzeitanalysen (Real Time) von Live-Transaktionsdaten. Zur Diskus-

sion zum Real Time Trend und Anwendungsfälle vgl. Abschnitt
3.10.4, »Real Time Data Warehouse«.

Fokussierung auf mehr »Business«

Die performante Speicherung, Verarbeitung und Abfrage auch von
sehr großen Datenvolumina durch neue BI-Architekturen, wie sie die
In-Memory-Technologie verspricht, hätte zur Folge, dass sehr viel Zeit
und Aufwand für die physische Modellierung der Daten eingespart
werden könnten. Hierin liegt die große Chance, der Zentralaussage
dieses Buches zu folgen und sich wieder stärker auf die Fachlichkeit
und die semantische Modellierung entlang der Anforderungen der
User zu fokussieren. Wenn der technologische Fortschritt tatsächlich
zur Folge hat, den Anwender wieder mehr in den Vordergrund zu
rücken, so würde die Technologie ihrer ursprünglichen Intention
gerecht werden.

Beherrschung der Datenflut

Die ständig wachsende Datenflut im gesellschaftlichen und wirtschaftlichen Umfeld stellt eine zunehmende Herausforderung für
Unternehmen dar. Die effektive Nutzung dieser Daten ist für Unternehmen wettbewerbsentscheidend. In neueren Bereichen wie der
Nachverfolgung von RFID-Tags in der Logistik oder Smart Grids im
Bereich Energieversorgung ist aufgrund der anfallenden Datenvolumina eine Integration der Datenmengen mit herkömmlichen Methoden unrealistisch. Die Beherrschung dieser Datenflut im Sinne der
analytischen Möglichkeiten ist aktuell noch Gegenstand der Forschung; die In-Memory-Technologie bietet hier einen vielversprechen-
den Ansatz.

13.1.2 Grenzen

Datenqualität/Datenstruktur

Mit dem Verzicht auf den ETL-Prozess in der herkömmlichen BI-
Architektur geht auch ein Verzicht bei der Datenqualität einher. Es ist
zu bezweifeln, ob bei Analysen, die essenzielle unternehmerische Fra-

gen beantworten sollen, die Daten aus den operativen Systemen wirklich so fehlerarm sind, dass Unternehmen auf Basis dieser Analysen Entscheidungen treffen können.

Zum anderen ist Datenqualität keine Eigenschaft an sich, sondern reflektiert immer den Kontext der Verwendung: Dispositive Systeme haben einen anderen (in der Regel höheren) Anspruch an Datenqualität als operative Systeme. Felder (Attribute), die im operativen Kontext eine untergeordnete Bedeutung hatten, können für Analysezwecke durchaus eine zentrale Bedeutung haben (vgl. Abschnitt 3.11, »Datenqualität«). Es ist insofern mehr als fraglich, ob für tiefergehende Analysen tatsächlich auf eine entsprechend angepasste Datenstruktur verzichtet werden kann.

Speichergröße

Je nach Technologie und Datenmenge kann der Hauptspeicher durch den maximal ansprechbaren Speicher eines Prozessors zur Limitierung werden: 32-Bit-Systeme können max. 4 GB adressieren, 64-Bit-Systeme max. 128 GB.

Mit Einführung der 64-Bit-Technologie wurde die Grenze von 4 Gigabyte adressierbarem Speicherraum zwar überwunden, angesichts der Datenmengen bis zu einigen Terabyte, die heutzutage in DWHs verarbeitet werden, wird es im Normalfall allerdings nicht ohne Weiteres möglich sein, komplette Datenbestände in den Arbeitsspeicher zur Analyse zu replizieren.

Hier ist dann doch wieder die Programmierung entscheidend, um diese Limitierung zu umgehen. Beispielsweise werden derzeit in den gängigen In-Memory-Lösungen Komprimierungsalgorithmen eingesetzt, die die Daten vor dem Laden in den Arbeitsspeicher komprimieren – ganz ähnlich wie bei Bild- (JPEG, GIF) oder Audiokomprimierung (MP3).

13.1.3 Fazit

Die Diskussion um die In-Memory-Technologie wirft schon jetzt eine interessante Fragestellung auf: Was bleibt für eine BI-Initiative eigentlich zu tun, wenn technische Ressourcen ganz selbstverständlich zur Verfügung stehen und physische Restriktionen keine Herausforderungen mehr darstellen?

Aus unserer Sicht eben genau das, was jetzt auch schon die Aufgabe von BI-Initiativen ist: die Abbildung von Fachlichkeit, die Ausrichtung von IT- und BI-Strategien auf Unternehmensstrategie und Geschäftsmodelle, die Förderung einer kooperativen Unternehmenskultur und die Schaffung nachhaltiger, fachlich und technisch vernetzter Strukturen in den Wertschöpfungsketten über alle Unternehmensbereiche.

Die Lösung dieser Aufgaben ist nicht in erster Linie von der Leistungsfähigkeit von Speichern und anderen technischen Komponenten abhängig. Technischer Fortschritt wird – so wie bisher auch – keine substanziellen Probleme lösen, sondern lediglich immer leistungsfähigere Hilfsmittel für fachseitige Aufgabenstellungen bereitstellen.

Die Konzentration auf die fachlichen Herausforderungen ist aber auch heute schon der eigentliche Erfolgsfaktor von BI-Initiativen (vgl. Abschnitt 1.4 und Kapitel 3). Daran werden auch die aktuellen und kommenden technischen Fortschritte nichts ändern. Insofern ergeben sich auch aus In-Memory-Technologien keine grundsätzlich neuen Vorgehensmodelle für BI-Initiativen.

Man kann jedoch wie oben beschrieben aus dem In-Memory-Ansatz technische Szenarien ableiten, die verdeutlichen, dass sich die Herausforderungen an BI-Initiativen auch in Zukunft entsprechend dem heutigen Stand darstellen werden. Denn auch *In-Memory* gilt: »*garbage in – garbage out*« (vgl. Vorwort).

Technische Entwicklungen dieser Art verdeutlichen damit einmal mehr, dass der Erfolg von Business Intelligence in erster Linie davon abhängt, wie gut Business und IT auf Basis einer abgestimmten Strategie gemeinsam an der Erzeugung von Benefits für das gesamte Unternehmen arbeiten. Wer von der schnelleren Berechnung eines inhaltlich falschen Reports die Verbesserung der Steuerungsfähigkeit eines Unternehmens erwartet, wird weiterhin auf dem Holzweg sein.

Kapitel 14

Schlusswort

Die in diesem Buch beschriebenen Vorgehensmodelle und Rahmenbedingungen zur erfolgreichen Einführung von Business Intelligence wurden mit dem Ziel guter Nachvollziehbarkeit bewusst an idealtypischen Szenarien ausgerichtet. In der Realität trifft man optimale Voraussetzungen praktisch nie an.

Allerdings erscheint es gerade wegen der völlig unterschiedlichen und zum Teil recht unübersichtlichen Ausgangssituationen in Unternehmen oftmals sinnvoll, sich weit vor Beginn eines konkreten Projekts Gedanken über mögliche Strukturierungen zu machen und daraus Idealszenarien abzuleiten, die anhand einer Praxissituation geprüft werden können. So können durch Abweichungsanalysen aus den vielfältigen Ansatzmöglichkeiten im spezifischen Unternehmensumfeld genau die Module definiert werden, die notwendig sind, um sich Schritt für Schritt dem anvisierten Ziel anzunähern.

In Kapitel 11 haben wir mögliche Zielkonflikte von BI-Projekten beschrieben und wie man diese auflösen kann. Natürlich sind im Einzelfall beliebig viele weitere Erfolgshemmnisse möglich, denen mit geeigneten Mitteln begegnet werden muss. Dennoch sind einige gravierende Fehler bei der Definition der Zielsetzung und einer Umsetzungsplanung auf Projektebene von vornherein vermeidbar, wenn zunächst eine wirklich gründliche Analyse der individuellen Rahmenbedingungen eines einzelnen Unternehmens durchgeführt wird. In diesem Rahmen kann oft auch schon eine Strategie zur Überwindung zu erwartender Erfolgshemmnisse erarbeitet werden.

Die wichtigste Erkenntnis aus unseren Erfahrungen aus Data Warehouse- und BI-Projekten ist, dass der Erfolg des späteren Gesamtsystems nur als Erfolg des Gesamtunternehmens gesehen, angestrebt und realisiert werden kann.

Business Intelligence als Basis eines erfolgreichen Corporate Performance Managements ist das Ergebnis einer optimalen Nutzung der Ressource *Mensch* mit seiner Intuition, seiner emotionalen, sozialen und rationalen Kompetenz, die mit einem Maximum an technisch möglicher Unterstützung ihre höchste Produktivität erreicht.

Business Intelligence ist ein Unternehmensprozess.

Anhang

A.1 Glossar

AFM	Anforderungsmanagement
BI	Business Intelligence
BI Readiness	Bewertung von Prozessen, deren Abbildung in operativen Systemen sowie der kulturellen und politischen Gegebenheiten in einem Unternehmen hinsichtlich der Erfolgsaussichten von Business Intelligence-Projekten
BICC	Business Intelligence Competence Center – Stabsstelle am CEO mit Mandant zur Integration aller Fachbereiche in die BI
BIRC	BI Readiness Check: Produkt der proMetis Consulting GmbH zur Ermittlung des BI-Reifegrades eines Unternehmens
CAPEX	Capital Expenditure – Investitionskosten
CIO	Chief Information Officer
COW	Costs of Work – Kosten für aufgewendete Eigenressourcen
CPM	Corporate Performance Management
CRM	Customer Relationship Management – eigentlich als strategischer Ansatz zur Pflege von Kundenbeziehungen gedacht, ist mit CRM oft lediglich das zu diesem Zweck eingesetzte Tool gemeint
CTO	Chief Technology Officer
DWH	Data Warehouse
Data Mart	Data Marts sind anwendungsspezifische Data Warehouses, die meist in Kombination mit einem zentralen Data Warehouse als Hub & Spoke-Architektur (Nabe und Speiche) implementiert werden.

EAI	Enterprise Application Integration – Plattform zur Integration von verteilten Unternehmensdaten
ERP	Enterprise Resource Planning
ETL	Extracting, Transformation, Loading – Bewirtschaftungsprozess im Data Warehouse
Forecast	Vorausplanung, die über eine berechnete Hochrechnung hinaus durch Bewertungen – in der Regel von Controllern – aufgewertet wird
FTE	Full Time Equivalent – Vollzeitstelle
GUI	Graphical User Interface
HR	Human Resources – Bereich für Personalangelegenheiten
Hub & Spoke	Hub & Spoke (Nabe und Speiche) steht für eine Data Warehouse-Architektur, bei der die zur Verfügung stehenden Datenquellen im Data Warehouse aus einzelnen Datenquellen zusammengeführt, bereinigt und historisiert werden, um einen konsistenten Datenbestand des Unternehmens zur Verfügung zu stellen (Single Point of Truth (SPOT)). Aus dem konsistenten Datenbestand (Hub) werden in der Regel abteilungsbezogene Data Marts (Spokes) erzeugt.
IT	Informationstechnologie
Kennzahl	Basisgröße wie AE, Umsatz, EBIT – meist durch einfache Aggregation zu ermitteln
KIO	Kern-Informations-Objekt, z.B. Kunde, Lieferant, Produkt, Organisation
KIO-Server	Zentralserver zur systemübergreifenden Bereitstellung von KIOs
KPI	Key Performance Indicator – per Formel aus Kennzahlen abgeleitete Messgröße
LDM	Logisches Datenmodell – Abbildung der logischen, realen Relationen zwischen Daten
MDM	Meta Data Management – Metadaten-Management
MDS	Master Data Services – zentrales Stammdatenmanagement
OLAP	Online Analytical Processing

OLTP	Online Transactual Processing
OPEX	Operational Expenditure – Betriebskosten
PDM	Physisches Datenmodell – Umsetzung des logischen Datenmodells in einer konkreten Datenbankumgebung
POS	Point of Sales – Stelle im Unternehmen, an der im direkten Kundenkontakt Geschäft generiert wird
Quick & dirty	Herbeiführung einer schnellen, provisorischen Lösung eines Problems unter Inkaufnahme von Unschärfen, siehe auch *Workaround*
Repository	Eine Datei mit allen Daten, die eine Datenbank (DWH) auf abstrakter Ebene (Meta Daten) beschreibt
ROI	Return on Investment – Amortisation
SLA	Service Level Agreement: Vereinbarung mit dem Betrieb über spezifizierte Lieferleistungen wie z.B. Systemverfügbarkeit
SMS	Short Messages Services
SOA	Service Oriented Architecture – Serviceorientierte Architektur
SOX	Der Sarbanes-Oxley Act of 2002 ist ein US-Gesetz zur verbindlichen Regelung der Unternehmensberichterstattung. Benannt wurde es nach seinen Verfassern, Paul S. Sarbanes und Michael Oxley. Das Gesetz gilt für inländische und ausländische Unternehmen, deren Wertpapiere an US-Börsen gehandelt werden.
SQL	Structured Query Language – Standardabfragesprache in Datenbanken
SRM	Stakeholder Relationship Management – Institution auf Unternehmensebene zur Pflege guter Beziehungen zu allen Stakeholdern des Unternehmens
Stakeholder	Personen oder Personengruppen, die ein Interesse am Unternehmen haben oder von dessen Wirken betroffen sind.
TK	Telekommunikationstechnologie
Workaround	Deutsch: Umgehungslösung; wird immer dann angewendet, wenn keine Lösung im Rahmen von Regelprozessen herstellbar ist

A.2 Abbildungsverzeichnis

A.3   Literaturverzeichnis

■ Malcom R. Westcott: *Toward a Contemporary Psychology of Intuition*, 1968

■ Richard Y. Wang: *A Product Perspective on Total Data Quality Management. Communications of the ACM*, 1998

■ Gert Serwas und Holger Wandt, BI Spektrum, Ausgabe 1, 2. Jahrgang, 2007

■ Manuel Castells: *Das Informationszeitalter*, 2001

■ Rüter, Schröder, Göldner: *IT-Governance in der Praxis*, 2006

■ Dietmar Köthner, is report 13. Jahrgang, 1+2/2009, Seite 35 ff.: *Business Intelligence lässt sich nicht kaufen*

■ Kemper, Mehanna, Unger: *Business Intelligence – Grundlagen und praktische Anwendungen*, 2006

■ Alexander Nyiri: *Corporate Performance Management. Ein ganzheitlicher Ansatz zur Gestaltung der Unternehmenssteuerung*, 2007

■ Karsten Oehler: *Corporate Performance Management: Mit business intelligence Werkzeugen*, 2006

■ Akif Bilqic: *Zusammenspiel von Corporate Performance Management, Business Intelligence und Business Activity Monitoring*, 2008

A.4   Web-Links

http://www.barc.de

http://www.boozallen.de/

http://www.boydak.biz

http://www.bwi.uni-stuttgart.de/index.php?id=199

http://www.computerwoche.de/knowledge_center/business_intelligence/

http://www.gartner.com

http://www.i-bi.de/

http://prometis.biz

http://www.tdwi.eu/

http://www.wikipedia.de

Stichwortverzeichnis

physisches Datenmodell 45, 72, 213
physisches System 71
Pipeline 90
Pivot-Tabellen 160
Planung 132, 195
Planungsapplikationen 42, 108, 238
Planungsdaten 144
Planungsprozesse 23, 237
Planungsszenarien 193
Plattform 30
Plausibilitätschecks 94
Plausibilitätsprüfung 83, 91
Point of Sales 25, 74, 148, 190
Politik 241
politische Gegensätze 39
»politische« Reibungsverluste 38
Portal Integration 189
Portale 108, 110
POS 74
Potenzial 24, 33, 37, 46, 245
Potenzialausschöpfung 46
Power-User 111, 215
Power-User-Konzept 45, 194, 215,
 224, 260
Priorisierung 51, 252
Produkte 29, 33
Produktionsfaktoren 93, 95
Produktivität 24, 71, 245
Prof. Dr. Hans-Georg Kemper 33
Prof. Dr. Pedell 33
Prognosen 56
Project-Office 215
Projektdurchlaufzeiten 90
Projektorganisation 259
Projektsteuerung 33
proprietäre Systeme 41
Prototyp 250, 251
Prototyping 161, 215
Prozess- und Datenqualität 150
Prozessanalyse 165
Prozessdefinition 135
Prozessdesign 136

Prozesse 35, 36, 37, 40, 46, 48, 49, 83,
 247
Prozesskette 22, 129
Prozessnetzwerk 190
Prozessoptimierung 73, 92, 131, 205
Prozessuale Reibungsverluste 38
Prüfintervalle 87
Prüfmethoden 87

Q

Quadratur des Kreises 64
Qualität 27
Qualitätsanspruch 82
Qualitätsniveaus 85
Qualitätsstandards 87
Qualitätsverlust 120
Quality Gates 70, 89, 90, 91, 120
Quellsysteme 45, 68, 103, 249
Querschnittsbereiche 56, 221
quick & dirty 51, 52
Quick Wins 39, 50, 76, 179, 227, 228,
 229, 232, 252

R

Rahmenbedingungen 40
RAM 262
Rationalisierung 248
Rationalisierungspotenzial 71, 211
Real Time 80, 81, 262
Real Time Data Warehouse 80
Realisierer 252
Realität 28
Realwirtschaft 22
Rechner 34
Rechnungswesen 207
Referenzarchitektur 261
Regelarchitektur 117
Regelkreis 37, 93, 195
Regelprozesse 52, 64
Regelwerke 54
Reibungsverluste 51
Reifegrad 156

Stammdaten 40, 41, 50, 67, 69, 70,
  72, 75, 76, 105, 120, 122, 123, 185,
  194, 249
Stammdatenkonsolidierung 76
Stammdatenmanagement 67, 121,
  122, 163
Stammdatenobjekt 71, 163
Stammdatenpflege 165
Stammdaten-Server 71
Standardisierung 241
Star-Schema 105, 262
Steering Committee 154, 199
Steuerpult 109
Steuerung 195
Steuerungsfähigkeit 55, 67, 118, 120
Steuerungsinstrumente 37
Steuerungslogiken 40
Steuerungsmechanismen 36
Steuerungsprozesse 23
Steuerungsrelevanz 123
Strategie 203, 259
strategisch 116
strategische Planung 39
Strategy 206
Structured Query Language 111
Strukturierung 241, 246
Stückzahl 29
Stufenwechsel 90
Support 111
Synergieeffekt 231
Systemanalyse 157
Systemintegration 63
Systemkonsolidierung 167
Systemlandschaft 36, 167
Systemoptimierung 73
Szenario 37

T

tagesaktuell 30
Tagesgeschäft 36, 37, 51, 52
taktisch 116
Taskforce 231

Teambildung 114
Technikfokussierung 58
Technische Releases 254
Technologie 243
Technologieprojekte 40
Telekommunikation 80
Teufelskreis 43, 48, 49, 124, 138
Time-to-Market 37, 162
Tools 30
Top-Entscheider 49
Topmanagement 24, 30, 37, 38, 41, 43,
  44, 54, 56, 61, 109, 113, 197, 199,
  201, 203, 231, 247, 258
Topmanager 41, 60, 88
Total Data Quality Management 92
Total Quality Management 84
TQM 84
TQM-Definition 92
Training 217, 224
Transaktionen 81
Transparenz 24, 37, 73, 118, 120, 202,
  241, 242, 244, 245, 246
Trends 29, 56
Trusted Data 140, 145

U

Überprüfbarkeit 87
Umorganisation 56, 164
Umsatz 29, 51, 55, 127, 233
Umsetzung 35
Umsetzungszeiten 213
Universität Stuttgart 33
Unschärfen 28, 45, 61
Unternehmen 34, 36, 88
Unternehmensberichterstattung 58
Unternehmensdaten 77
Unternehmenserfolg 47
unternehmenskritische Prozesse 49
Unternehmenskultur 53, 54, 83, 200,
  202, 203, 247, 265
Unternehmensprozess 23, 24, 43, 61,
  74, 117, 197

Nicholas Carr

The
BIG SWITCH
Der große Wandel

Die Vernetzung der Welt
von Edison bis Google

»Hochinteressant. Carr belegt mit einer umfassenden historischen Analogie, dass Computer-Versorgungsunternehmen die firmeneigenen IT-Abteilungen ersetzen werden so wie die Stromversorger die firmeneigenen Generatoren verdrängt haben ... The Big Switch ist eine beeindruckende Diskussion der positiven und negativen Aspekte des kommenden World-Wide-Computer-Zeitalters.«
Thomas P. Hughes, Autor von *Human-Built World* und *American Genesis*

Sein letztes Buch erschütterte die Hightech-Industrie bis in ihre Grundfesten. Jetzt ist Nicholas Carr wieder da. *The Big Switch* gibt einen umfassenden und oft provokanten Blick auf eine neue Computer-Revolution, die Wirtschaft, Gesellschaft und Kultur grundlegend verändern wird.

Carr zieht eine Analogie zu der Revolution, die sich vor knapp hundert Jahren bei der Elektrizität vollzog, als Unternehmen aufhörten, mit Dampfmaschinen und Dynamos ihre eigene Energie zu erzeugen und sich stattdessen dem neu errichteten Stromnetz anschlossen. Diese Entwicklung setzte eine Kettenreaktion wirtschaftlicher und sozialer Transformationen in Gang, durch die unsere moderne Welt entstanden ist. Heute befinden wir uns mitten in einer ähnlichen Revolution. Diesmal ist es Rechenleistung, die zu einem Versorgungsgut wird.

Carr stellt die Prognose auf, dass große Serverfarmen die heute gängigen PCs ablösen werden, so dass so gut wie keine Information und Rechenleistung mehr offline verfügbar sein wird. Dies wird dazu führen, dass neue Wettbewerber, wie etwa Google oder Salesforce.com, alteingesessene Platzhirsche wie Microsoft oder Dell bedrohen werden. Aber die Auswirkungen werden sehr viel weiter reichen. Billige Rechenleistung wird die Gesellschaft letztlich so grundlegend ändern wie die billig gewordene Elektrizität vor hundert Jahren.

Der Wandel hat aber bereits heute große Umwälzungen in der Computerindustrie zur Folge. Vom Software- zum Zeitungsgeschäft, von der Schaffung von Arbeitsplätzen bis zur Bildung von Communities, liefert *The Big Switch* einen panoramaartigen Überblick über eine neue Welt, die durch den »World Wide Computer« entsteht.

Nicholas Carr ist ideal dafür geeignet, diesen historischen Wandel zu erläutern. Er schreibt in einem klaren, engagierten Stil und webt die Entwicklungsstränge von Geschichte, Wirtschaft und Technologie zusammen, um zu beschreiben, wie und warum sich Computer ändern und was das alles für uns bedeutet.

Probekapitel und Infos erhalten Sie unter: **www.mitp.de**

ISBN 978-3-8266-5508-1

14866539R00163

Printed in Poland
by Amazon Fulfillment
Poland Sp. z o.o., Wrocław